Hundeshauptstadt **Berlin**
Mit Hundeblick und Berliner Schnauze durch Berlin

»**Ein Leben ohne Hund ist möglich, lohnt sich nur nicht**«
Loriot / Heinz Rühmann

Mit freundlicher Unterstützung von

www.hundehotel-berlin.de

Einleitung

»Es ist früh am Morgen. Die Sonne glitzert durch die Vorhänge und langsam kommen Ihre Gedanken aus dem Reich der Träume im dämmrigen Schlafzimmer an. Wieso wachen Sie so früh auf? Plötzlich schleckt Ihnen eine riesige nasse Zunge quer über das Gesicht! Völlig verdattert versuchen Sie Ihre Augen scharf zu stellen und gleichzeitig die Zunge abzuwehren. Die Zunge gehört zu einem am anderen Ende wedelnden Schwanz und dazwischen: Ihr geliebter Hund!«

Vor einem Jahr musste ich mir noch den Wecker stellen, doch diese Zeiten haben sich geändert. Wie so viele Dinge, seitdem Ludwig in mein Leben kam. Er war auch die Inspiration für dieses Buch. Die ausführliche Geschichte beschreibe ich im Artikel »Wie ich Hundepapa von Prinz Ludwig wurde…«.

Mit »Hundeshauptstadt Berlin« möchte ich Sie informieren, amüsieren, zum Nachdenken anregen, zum Lachen bringen und zugleich einen Versuch wagen, Berlin aus Hundesicht zu porträtieren. Neben den Artikeln und Interviews möchte ich Sie dazu verleiten, sich ab und an in die Hundeperspektive zu begeben und so viele Situationen und Ansichten neu zu entdecken. In den zahlreichen Porträts der Berliner mit Hund aus den verschiedenen Bezirken spiegelt sich die bunte Mischung der Berliner Hundehalter wider und sie enthalten neben der ganz persönlichen Geschichte viele Tipps für Berlin mit Hund.

Lassen Sie sich unterhalten und haben Sie Spaß mit meinem Buch!

Herzlichst,

Lasse Walter

Inhaltsverzeichnis

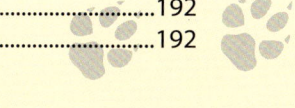

Rechte und Pflichten von Hundebesitzern in Berlin

Rechtsgrundlage:
Berliner Hundeverordnung *(Download auf www.berlin.de)*

I. Allgemeiner Teil,
Vorschriften für alle Hunde
II. Besonderer Teil,
Vorschriften für gefährliche Hunde
III. Befugnisse,
z.B. was für Maßnahmen dürfen zuständige Behörden treffen
IV. Schlussvorschriften,
u.a. Auflistung der Ordnungswidrigkeiten mit Bußgeldkatalog

I. Allgemeiner Teil:

§1 Halten und Führen von Hunden
1. Pflicht zur Sicherung des Grundstücks, auf dem ein Hund gehalten wird.
2. Außerhalb des Grundstücks muss der Hund ein Halsband mit Namen und Anschrift des Halters tragen.
3. Außerhalb des Grundstücks darf der Hund nicht unbeaufsichtigt sein und muss stets unter Kontrolle gehalten werden, so dass keine Gefahr für Menschen, Tiere und Sachen besteht.
4. Alle Hunde müssen mit einem Chip fälschungssicher gekennzeichnet werden.
5. Für alle Hunde ist eine Hundehaftpflichtversicherung abzuschließen.

§2 Mitnahmeverbot
Hunde dürfen generell nicht auf Kinderspielplätze, als solche ausgezeichnete Liegewiesen, Badeanstalten und als solche gekennzeichnete öffentliche Badestellen.

§3 Leinenzwang
1. Hunde sind in öffentlichen Grün- und Erholungsanlagen, in Waldstücken (außer in Hundeauslaufgebieten), Sport- und Campingplätzen, sowie Kleingartenkolonien an einer maximal zwei Meter langen Leine zu führen.
2. Hunde sind
   • in Treppenhäusern, sonstigen der Hausgemeinschaft zugänglichen Räumen und Zuwegen zu Wohnhäusern
   • in Büro- und Geschäftshäusern, Ladengeschäften, Verwaltungsgebäuden und anderen öffentlichen Gebäuden
   • bei öffentlichen Versammlungen und Volksfesten
   • in öffentlichen Verkehrsmitteln, auf Bahnhöfen sowie in und an den dazugehörigen Gebäuden und Haltepunkten und
   • in Fußgängerzonen sowie auf öffentlichen Straßen und Plätzen mit Menschenansammlungen
an einer höchstens einen Meter langen Leine zu führen.

Zudem gibt es eine explizite Liste von Hundeverboten in einigen Parks und Parkbereichen.[1] Einen Link finden Sie ebenfalls auf *www.hundeshaupstadt.de*.

Neue Berliner Hundeverordnung / Bello Dialog
Der „Bello-Dialog", ein vom Justiz- und Verbraucherschutzsenator Thomas Heilmann (CDU) initiiertes Bürgerbeteiligungsprojekt zur Überarbeitung des Hundegesetzes, erarbeitete in einer Gruppe von Betroffenen und Fachleuten Vorschläge für ein überarbeitetes Hundegesetz für das Land Berlin. Die Kommission sprach sich u.a. für eine Umkehrung des bisher geltenden Gesetzes aus. Momentan besteht kein Leinenzwang mit Ausnahmen für bestimmte Orte und Rassen. In Zukunft soll dagegen ein genereller Leinenzwang bestehen, der durch einen absolvierten

1. http://www.stadtentwicklung.berlin.de/umwelt/stadtgruen/gruenanlagen/de/nutzungsmoeglichkeiten/hundefreilauf/downloads/hundeverbot.pdf

Hundeführerschein, in dem Gehorsam und soziales Verhalten des Hundes geprüft wird, aufgehoben werden kann. Da die Übernahme der Vorschläge des Bello-Dialogs und der zeitliche Horizont bis zum Inkrafttreten eines neuen Hundegesetzes nicht abzuschätzen ist, gelten die hier genannten Rechte und Pflichten. Aktuelle Informationen hierzu immer aktuell auf *www.hundeshauptstadt.de*.

Weitere Pflichten nach anderen Gesetzen:

§8 III Berliner Straßenreinigungsgesetz
Hundehalter und Hundeführer haben dafür Sorge zu tragen, dass ihre Hunde die Straßen nicht verunreinigen. Dies gilt nicht für blinde Führhundhalter.

§8 Hundesteuergesetz
Anmeldung und Abmeldung binnen einen Monats beim zuständigen Finanzamt.

§9 Hundesteuergesetz
Außerhalb geschlossener Räume und gesicherter Grundstücke ist die Steuermarke am Hund zu befestigen.

§5 Hundesteuergesetz
Hundesteuerbefreit sind neben Sanitäts-, Rettungs- oder Blindenführhunden auch für ein Kalenderjahr auf Antrag Hunde, die aus Tierheimen, Tierasylen und ähnlichen Einrichtungen des Tierschutzes in den Haushalt aufgenommen werden.

Beispiele für Bußgelder [2]
Die Ordnungsamtsmitarbeiter können aber auch - abhängig vom Einzelfall - von den empfohlenen Regelsätzen nach oben (max. 35,- €) oder unten abweichen, bzw. gleich ein förmliches Bußgeldverfahren einleiten oder nach pflichtgemäßen Ermessen auch ganz auf eine Verfolgung verzichten.

Beispiele:
• Hundekot nicht beseitigen (35 Euro)
• Umherlaufenlassen unangeleinter Hunde (25-35 Euro)
• Hund ohne Halsband und Anschrift des Besitzers (15 Euro)

2. http://www.berlin.de/imperia/md/content/balichtenberghohenschoenhausen/gesetze-vorschriften/
   vgkata_v13.2.pdf?start&ts=1275400118&file=vgkata_v13.2.pdf

Hundeauslaufgebiete in Berlin

In Berlin gibt es zahlreiche Auslaufgebiete, in denen die Hunde frei laufen und mit Artgenossen spielen können. Die Palette reicht von privaten Hundeplätzen bis hin zu offiziell von den Bezirken und der Stadt ausgewiesenen Auslaufgebieten. Die offiziellen Auslaufgebiete findet man auf *www.berlin.de* und Tipps für die »inoffiziellen« Gebiete auf unserer Homepage *www.hundeshauptstadt.de*. Oftmals werden auch Brachflächen zu Hundeplätzen umfunktioniert, doch diese sind inoffiziell und meist nur kurzfristig. Wir haben im Folgenden die offiziellen Auslaufgebiete mit einigen privaten Hundeplätzen ergänzt, die auch in den nächsten Jahren bestehen werden. Auf eine Bewertung haben wir bewusst verzichtet, weil die Wahrnehmung der Plätze sehr stark subjektiven Einflussfaktoren wie Wetter, anderen anwesenden Hunden und Hundehaltern beeinflusst wird. Jeder Ort ist ein Besuch wert, sei es, um danach öfter zu kommen oder es bei einem einmaligen Besuch zu belassen.

7

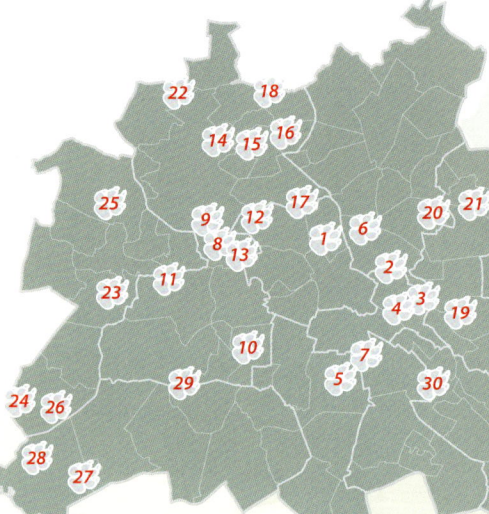

4. Modersohnstraße / Revaler Straße
Ecke Revaler Straße, 10245 Berlin
zw. S Warschauer Str./ S Ostkreuz

5. Tempelhofer Feld
Tempelhofer Damm 103, 12101 Berlin, U6/S-Bhf
Tempelhof, drei Auslaufgebiete:
Nähe Haupteingang, Nähe Oderstr./Herrfurthstr., Nähe
Oderstr./Leinestr.

6. Mauerpark
Mauerpark, 10437 Berlin,
U Eberswalder Str. /Tram M10

7. Volkspark Hasenheide
Volkspark Hasenheide, 12053 Berlin,
nahe Eingang Gräfestr., U Südstern

8. Volkspark Jungfernheide
Zugang Harlemweg/Heckerdamm, 13629 Berlin,
U Harlemweg

9. Forst Jungfernheide
Ende Kamener Weg, 13507 Berlin,
Bus 133 Kamener Weg

10. Volkspark Wilmersdorf
Bundesallee. 10713 Berlin,
im östl. Teil, U Berliner Str., S/U Bundesplatz

11. Reichsstraße / Spandauer Damm
Spandauer Damm 270, 14052 Berlin,
U Ruhleben oder M46 Spandauer Damm/Reichsstr.

12. Volkspark Rehberge
Volkspark Rehberge,
13351 Berlin, U Rehberge

Hundeauslaufgebiete
Übersicht

1. Am Humboldthain
Humboldthain, 13355 Berlin, Am Parkrand, Gustav-
Mayer-Allee, S Humboldthain, U Voltastr.

2. Volkspark Friedrichshain
Volkspark Friedrichshain, 10407 Berlin, Virchowstraße,
beleuchtet,
M5,M6,M8 Klinikum im Friedrichshain

3. Gürtelstraße
Gürtelstr. 18, 10247 Berlin,
zw. U Frankfurter Allee/ S Ostkreuz

13. Tegeler Weg
Tegeler Weg, 10589 Berlin,
S/U Jungfernheide

14. Wittenau
Rosentreterpromenade, 13437 Berlin,
Rand des Steinbergparks, U Rathaus Reinickendorf

15. Hermsdorfer Straße
Hermsdorfer Str . 9-11, 13437 Berlin
(nahe Blomberger Weg)
Bus 124 Hermsdorfer Str./Alt-Wittenau

16. Am Seggeluchbecken
Am Sportplatz, Finsterwalderstr.
13435 Berlin, Bus 122 Engelroder Weg

17. Am Schäfersee
Stargardtstraße, 13407 Berlin,
U Franz-Neumann-Platz

18. Lübars
Am Freibad, 13469 Berlin,
gegenüber (nördlich) des Freibades Lübars im Wald
Bus 222 Am Vierrutenberg

19. Hundesportplatz Alt-Biesdorf
Alt-Biesdorf 53D, 12683 Berlin,
Kostenpflichtig, S Wuhletal

20. Pablo-Picasso-Straße
Pablo-Picasso-Straße, 13057 Berlin,
Höhe Seehausener Str., Richtung Schienen,
S Gehrenseestr.

21. Tierschutzverein Berlin
Hausvaterweg 39, 13057 Berlin, einen Euro Eintritt,
Bus 197 Falkenberg/Dorfstr.

22. Frohnau
Welfenallee, 13465 Berlin,
Nähe S Frohnau

23. Pichelswerder
Am Stößensee, 13595 Berlin,
Waldstück Halbinsel Pichelswerder,
M49 Pichelswerder

24. Groß-Glienicker See
Gottfried-Arnold-Weg, 14089 Berlin,
Bademöglichkeiten, Bus 135 Waldallee

25. Hakenfelde
Schönwalder Allee, 13587 Berlin,
mitten im Wald mit Wasser

26. Fuchsberge
Am Dorfwald, 14089 Berlin,
Bus X34 Parnemannweg

27. Düppel, am Waldfriedhof Zehlendorf
Am Waldhaus, 14129 Berlin, Zugang Königsweg, östlich
der Autobahn, Bus 118 Quantzstr.

28. Am Wannsee
Pfaueninselchaussee, 14109 Berlin,
Wald gegenüber der Pfaueninsel,
Bus 218 Pfaueninsel

29. Grunewald
Hüttenweg, 14193 Berlin,
X10, X83 Königin-Luise-Str./Clayallee

30. Forsthausallee
Forsthausallee, 12437 Berlin, zwischen Forsthausallee
und Britzer Zweigkanal
M41 Sonnenallee/Baumschulenweg

Wirtschaftsfaktor Hund und das Hundekotproblem
Zahlen, Fakten, Rechenbeispiele

In diesem Buch werden die qualitativen, persönlichen und emotionalen Bereicherungen durch Hunde sehr ausführlich thematisiert. Die Bedeutung der Hunde als Dienstleister in den Bereichen Sicherheit, Schutz, Rettung, Mobilität (z.B. bei Blinden) ist kaum in Euro messbar. Es gibt aber natürlich auch die Welt der Zahlen, Fakten und Rechenbeispiele, die viele überraschen wird.

Kernaussagen des Artikels:
* *In Berlin leben 109.476 angemeldete, bzw. geschätzte 165.000 Hunde.*
* *Die Hundedichte beträgt 109 Hunde pro Quadratkilometer.*
* *50-60 Hunde finanzieren einen Arbeitsplatz.*
* *In Berlin existieren 3.000 Arbeitsplätze aufgrund der Hundehaltung.*
* *Der Anteil durch Hundehaltung am Bruttoinlandsprodukt sind 153,74 Mio. Euro.*
* *Für Berlin bedeutet dies 41 Mio. Euro Steuereinnahmen durch Hundehaltung.*
* *Die Kosten aufgrund der Hundehaltung werden auf 33 Millionen geschätzt.*
* *Das Hundekotproblem ist das zweit wichtigste Problem der Berliner nach Lärm und noch vor Vandalismus.*
* *Hundekotsünder werden bisher kaum geahndet.*

Einer Umfrage zufolge fühlen sich fast 50 Prozent der Menschen von Hunden genervt und ein Viertel ist grundsätzlich gegen Hunde in der Stadt.[1] In Berlin haben wir mit 109 Hunden pro Quadratkilometer eine sehr hohe Hundedichte. Das größte Problem ist der Hundekot auf den Straßen. Täglich fallen in Berlin 55 Tonnen (jährlich 20.075t) davon an, das macht statistisch gesehen alle 20 Meter ein Hundehaufen.

Auf unsere Anfragen bei verschiedenen öffentlichen Einrichtungen erhielten wir leider keine Fakten oder Zahlen, die den Wirtschaftsfaktor Hund in Berlin beleuchten

1. http://immobilieberlin.wordpress.com/2011/05/25/ein-hundeleben-in-berlin/

könnten. Es wurden bisher keine solchen Zahlen in Auftrag gegeben. Die einzigen Zahlen, die den öffentlichen Einrichtungen bekannt sind, scheinen die 109.476 [2] angemeldeten und geschätzten 165.000 [3] gesamten Hunde in Berlin zu sein. Zudem lagen die Einnahmen durch Hundesteuer laut der Senatsverwaltung für Finanzen 2012 bei 10,5 Millionen Euro[4] und damit zum Größenvergleich nur knapp unter den Steuereinnahmen durch Abgaben von Spielbanken.

Die »Ökonomische Gesamtbetrachtung der Hundehaltung in Deutschland«[5] von Prof. Dr. Renate Ohr und Dr. Götz Zeddies veröffentlicht im Januar 2006 an der Universität Göttingen bietet hier eine sehr gute Grundlage, um die Umsätze und Ausgaben aufgrund von Hundehaltung und die Bedeutung auf das Bruttoinlandsprodukt (BIP) und den Landeshaushalt zu erahnen.

Der Abschlussbericht von Prof. Dr. Ohr kommt zu dem Ergebnis, dass Deutschlands Hundehaltung jährlich einen Umsatz von 5 Milliarden Euro bewirkt. Das sind 0,22 Prozent vom BIP und zum Vergleich ein Fünftel des Anteils der deutschen Landwirtschaft. Mit der Hundehaltung sind in Deutschland ca. 100.000 Arbeitsplätze verbunden, so finanzieren 50-60 Hunde einen Arbeitsplatz. Ausgehend von diesen Werten, der Gesamtanzahl von 5,4 Millionen[6] Hunden in Deutschland und damit prozentual 3,0556% in Berlin lebenden Hunden, können die Werte aus der Studie für Gesamtdeutschland auf Berlin heruntergebrochen werden.

Demnach ergibt sich ein Anteil von 153,74 Millionen Euro am BIP Berlins durch Hundehaltung. Die 165.000 Hunde sichern über 3.000 Arbeitsplätze in Berlin. Das sind so viele Arbeitsplätze wie die gesamte Berliner S-Bahn Angestellte hat. Aus den Umsätzen und Ausgaben kommen zu den jährlichen 10,5 Millionen Euro Einnahmen aus Hundesteuer mindestens 30,5 Millionen Euro Steuereinnahmen aus Mehrwert- (22 Mio.), Lohn- (4 Mio.), Versicherungs- und Gewerbesteuer (4,5 Mio.) hinzu. Insgesamt sind der Hundehaltung in Berlin also mindestens 41 Millionen Euro Steuereinnahmen direkt zuzuweisen.

Leider bekamen wir auch auf die Anfrage zur Mittelverwendung der Hundesteuer ebenfalls keine Antworten, so dass wir auf Basis von früheren Anfragen an das Abgeordnetenhaus wieder nur Rechenbeispiele durchführen können. Die Kosten für

2. Tätigkeitsbericht des Tierschutzbeauftragten 2012 http://www.berlin.de/lb/tierschutz/
3. Christoph Wüllner, stadt&hund, http://www.stadtundhund.de/Fachtagung-2011.7.0.html
4. http://www.berlin.de/sen/finanzen/haushalt/download/index.html
5. http://www.uni-goettingen.de/de/sh/64098.html
6. Industrieverband Heimtierbedarf e.V. (IVH)

Wirtschaftsbereich	Ausgaben/Umsatz in Mio. Euro [8] national	3,0556% [9] von national Berlin
Hundenahrung	1800	55
Hundezucht	375	11,46
Hundezubehör	200	6,11
Tierärzte	700	21,39
Tierarznei	150	4,58
Tierheime	75	2,29
Versicherungen	135	4,13
Hundeschulen	36	1,1
Hundesalons	50	1,53
Hundepension	14	0,43
Mehreinnahmen Hotels	15	0,46
Tierfriedhöfe	8,5	0,26
Tierbestattungen	4,5	0,14
Vereinsbeiträge	25	0,76
Hundeausstellungen	8,5	0,26
Bücher und Zeitschriften	75	2,29
Hundesteuer	220	10,5 [10]
sonstige Abgaben	1000	30,56
Summe	**4891,5**	**153,74**

Abbildung: In Anlehnung an »Ökonische Gesamtbetrachtung der Hundehaltung in Deutschland« [7] von Prof. Dr. Renate Ohr und Dr. Götz Zeddies

den größten Streitpunkt »**Die Hundekotbeseitigung**«, auf Platz 2 der generellen **Alltagsprobleme der Berliner knapp nach Lärm und deutlich vor dem Vandalismus**[11], ist schwer zu beziffern, denn die Hundekotbeseitigung wird im Zuge der Straßenreinigung von der BSR bzw. in Grünflächen durch die Bezirksämter erledigt. Die Stadt zahlt für die Straßenreinigung der BSR, die auch Teile des Winterdienstes beinhaltet, insgesamt 85,7 Millionen Euro[12]. Nach Angaben der BSR werden im Jahr

7., 8. http://www.uni-goettingen.de/de/sh/64098.html
9. 165.000 Hunde in Berlin von 5,4 Millionen Hunde in Deutschland
10. http://www.berlin.de/sen/finanzen/haushalt/download/index.html
11. http://www.tagesspiegel.de/berlin/dokumentiert-senatsverwaltung-fuer-gesundheit-zum-thema-hundekot/3859260.html

80.000 Tonnen Straßenkehricht[13] aufgesammelt, der von der BSR aufgesammelte Hundekot[14] macht gerade mal 6,7 Prozent bzw. 5,7 Millionen Euro davon aus. Die BSR gibt zudem 950.000 Euro für die sogenannten Hundekotsauger für explizite Hundekotentsorgung an Dritte weiter. Beutelspender oder sonstige Aktionen werden von den Bezirksämtern mit ca. 200.000 Euro unterstützt. Für die Kosten der Bearbeitung der 1.500 Anträge im Jahr und die Erhebung der Hundesteuer gibt die Senatsverwaltung für Finanzen die unglaubliche Summe von 2.066.098,11 Euro[15] an. Andere Kostenfaktoren wie anteilige Kosten an Ordnungs- und Veterinärämtern, die Säuberung von Grünflächen, die Beseitigung von Hundekot, Buddel-, Beiß- und Urinschäden und der Ausgleich für die Beeinträchtigung der Oberflächenwasserqualität der Berliner Gewässer schätzt Christof Wüllner von »stadt&hund« auf weitere 24 Millionen Euro.

Eine Angabe zur Verwendung der Hundesteuereinnahmen muss es nicht geben, weil eine Steuer nicht zweckgebunden ist, im Gegensatz zu einer Gebühr wie z.B. der Rundfunkbeitrag. Dabei nehmen die Hundekotsünder diese als beliebte Ausrede und in der Bevölkerung wird eine transparente Verwendung der Hundesteuer noch erfolgversprechender zur Beseitigung des Problems eingeschätzt, als z.B. eine Hundekotpolizei. Die geeignetste Maßnahme wird sowohl von Hundehaltern als auch der Bevölkerung dem weiteren Ausbau von Beutelspendern zugewiesen.[16]

Den 41 Millionen Euro Steuereinnahmen durch die Hundehaltung in Berlin stehen etwa 33 Millionen Euro geschätzte Kosten gegenüber.

Ausgehend von den 165.000 Hunden in Berlin und dem Ergebnis der Studie[17], dass 30 Prozent der Hunde in 1-Personenhaushalten und 70 Prozent in 2-Personenhaushalten leben, können 280.500 Berliner als Hundehalter bezeichnet werden. Das sind 8 Prozent aller Berliner. Da man davon ausgehen kann, dass diese Personen auch wahlberechtigt sind, würde eine hypothetisch gegründete Hunde-Partei 23.437 mehr Stimmen erhalten als z.B. DIE GRÜNEN im Jahr 2011[18] und mit 19,16 Prozent sofort ins Abgeordnetenhaus einziehen.

Auch wenn die gleiche Wahlbeteiligung unterstellt wird, obwohl die Hundehalter sicherlich zu einer höheren Quote an die Wahlurnen gehen würden, erreichten sie

12., 13. BSR Geschäftsbericht
14. 26,7% der 20.075t Hundekot pro Jahr wird von BSR aufgenommen, nach C. Wüllner stadt&hund
15. Abgeordnetenhaus Berlin — 16. Wahlperiode Drucksache 16 / 5 297
16. Humboldt-Universität zu Berlin, Institut für Psychologie, Projektstudie Littering, 08.06.2011
17. http://www.uni-goettingen.de/de/sh/64098.html
18. http://www.wahlen-berlin.de/wahlen/be2011/ergebnis/region/a2-gi9900.asp?sel1=1052&sel2=0655&tabtitel=berlin

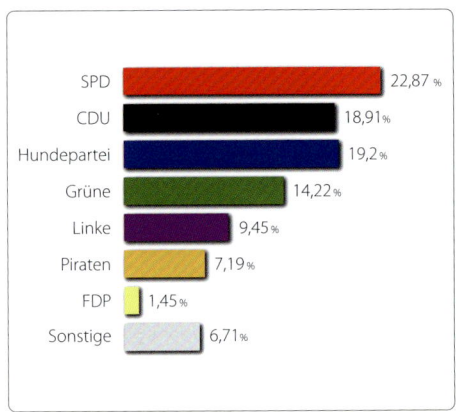

Eigene Darstellung: Wahlergebnis [20]

immer noch mit 11,3 Prozent fast die Anzahl der Stimmen, die DIE LINKE 2011 gewählt haben.

Natürlich entschuldigen diese Zahlen nicht das gesetzeswidrige Verhalten vieler Hundehalter, die den Hundekot ihres Hundes nicht aufnehmen und selbst entsorgen. Dieses Verhalten gehört nach wie vor verurteilt und sollte auch vom Ordnungsamt geahndet werden. Die Ahndung der Verstöße durch Hundekot im Bezirk Lichtenberg lag im Jahr 2010 bei 41 von insgesamt 48.009 Verstößen. Das sind nur 0,08 Prozent.

Verkehrssünden wurden 45.186 Mal geahndet.[19] Damit liegt der Bezirk schon weit vorne. Im Jahr 2007 wurden insgesamt nur 173 Hundekotahndungen in Berlin erfasst. Wenn ein Gesetz häufiger kontrolliert wird, wie z.B. Delikte im Verkehr, dann würden sich voraussichtlich auch mehr Bürger daran halten.

Wenn das Hundekotaufkommen das zweitwichtigste Alltagsproblem der Berliner ist und augenscheinlich erhebliche zuzuordnende Steuereinnahmen zur Verfügung stehen, ist sowohl bei der Hundekotbeseitigung als auch bei einer Ahndungsquote noch sehr viel Luft nach oben.

19. Christoph Wüllner, stadt&hund, http://www.stadtundhund.de/Fachtagung-2011.7.0.html
20. Die Prozente der Hundepartei wurden den anderen Parteien gleichmäßig abgezogen.

Für ein Berlin mit Hunden,
aber ohne Hundehaufen!

Unterschreiben. Unterstützen.

Bündnis Berlin-häufchenfrei
Spendenkonto:
Bank für Sozialwirtschaft BLZ 100 205 00
Konto Nr. 105 67 02
Inhaber: Projektbüro stadt&hund gGmbH
Zweck: Spende häufchenfrei

Mobilität
mit den öffentlichen
Verlehrsmitteln
BVG/VBB und Nahverkehr

Hundefreundlich: Kleine Hunde (bis zur Größe einer Hauskatze) dürfen ohne zusätzlichen Fahrschein angeleint auch auf dem Schoß mitgenommen werden. Größere Hunde dürfen angeleint mitgenommen werden, wenn genügend Platz vorhanden ist. Alle diese Hunde müssen einen Maulkorb tragen und für jeden dieser Hunde ist ein Fahrschein des Ermäßigungstarifs zu kaufen. Blindenführhunde sind davon ausgenommen.

Fahrgäste mit Tageskarten, Kleingruppenkarten, Gruppentageskarten für Schüler, Zeitkarten (Abos) sowie Schwerbehindertenausweis mit Beiblatt und gültiger Wertmarke können einen größeren Hund kostenlos mitnehmen. Für jeden weiteren Hund ist ein Fahrschein erforderlich. Bei Anschlusstickets, z.B. ABC-Zone, muss für Mensch und Hund jeweils gesondert ein Ticket gelöst werden.

Deutsche Bahn – Fernreisen

Hundeunfreundlich: Kleine Hunde (bis zur Größe einer Hauskatze) können im Transportbehälter unentgeltlich mitgenommen werden. Für größere Hunde zahlt man den halben Fahrpreis. Diese Hunde müssen einen Maulkorb tragen und angeleint sein. Der halbe Fahrpreis bzw. Preis für ein Kind 6-14 Jahre gilt für den Normalpreis und Sparpreis. Bei den Länder-Tickets und dem Schönes-Wochenende-Ticket gelten entgeltpflichtige Hunde als eine volle Person/ Erwachsener. Bei internationalen Reisen zahlen Sie für Hunde grundsätzlich den Kinderfahrpreis 2. Klasse. Blindenführhunde o.ä. sind davon ausgenommen. Eine Sitzplatzreservierung für Hunde ist nicht möglich und ebenso keine Online-Tickets zum Selbstausdruck. Die Online-Buchung von Fahrkarten für Hunde ist hingegen per Postversand möglich, wenn Sie angeben, dass ein Kind von 6-14 Jahren ohne Begleitung verreist. Jedoch kann man gleich bei seinem Online-Ticket ein Kind mit angeben und spart sich langes Warten am Schalter. Die Bahn hat auf unsere Anfrage verlauten lassen, dass keine Veränderungen dieser Beförderungs-bedingungen angedacht sind.

Berliner Tierdroschke

Taxi für Tiere und Tierpension mit Familienanschluss

In Berlin hat nicht jeder Hundehalter ein Auto. Doch was macht man, wenn das geliebte Haustier nicht mehr selbst laufen kann und man zum Tierarzt muss? Was wäre die Hundeshauptstadt Berlin ohne einen erstklassigen Fahrservice für Vierbeiner? Genau das dachten sich Traute Stein & Michael Westphal, als sie vor 8 Jahren die Berliner Tierdroschke gründeten. Seitdem sind sie rund um die Uhr mit ihren liebevoll lackierten und tiergerecht ausgestatteten Renault Kangoos unterwegs, um die Tiere problemlos und zügig zum gewünschten Ziel zu transportieren. In diesem Tiertaxi wird jedes Tier mitgenommen, egal ob nass, blutend oder mit Magenproblemen. Sollte es nicht mehr laufen können, wird es sogar getragen. Natürlich bekommt auch der Tierhalter den erforderlichen Beistand, weil er während der Fahrt ein offenes Ohr für seine Sorgen und Ängste um seinen Liebling findet.

Zusätzlich öffneten die beiden vor 4 Jahren ihr Haus als Tierpension für Vierbeiner. So können bis zu 5 Hunde bei ihnen den Urlaub verbringen. Dass das gerade für Berliner Hunde, die es gewohnt sind, 24 Stunden mit ihrem Menschen zu verbringen, wichtig ist, wurde den beiden schnell klar. Und so bieten sie den Vierbeinern ein exklusives Verwöhnprogramm mit vielen Kuscheleinheiten, Ausflügen in die Freilaufgebiete und Schlafplätzen rund ums Wasserbett. Das Konzept scheint aufzugehen, denn bisher ist jeder Gast gerne wiedergekommen.

Berliner Tierdroschke
Lübener Weg 5
13407 Berlin
030/54736487
0162/2071818 (rund um die Uhr)
www.tierdroschke.de

Hundewelt – Seiten für Hunde im Internet

So wie sich unsere Hunde zu gerne an der Leine „online" vertüddeln und „verlinken", gibt es auch zahlreiche Webseiten für Hunde und Hundebelange im Internet. Sie schießen wie Pilze aus dem Boden und verschwinden genauso schnell wieder. Neben zahlreichen Einkaufsmöglichkeiten gibt es ebenfalls viele Internetportale und Foren, in denen man sich austauschen und das Wissen der Community nutzen kann. Eine kleine Auswahl möchten wir an dieser Stelle vorstellen. Weitere gibt es auf *www.Hundeshauptstadt.de*.

Www.stadthunde.com ist eine Hunde-Community, Hunde-Forum und Magazin in einem. Im April 2007 gründeten Christian Köhler und Florian Hellberg das Lifestyle-Portal für Hundefans. Das Portal hat 15 regionale Einstiegsseiten u.a. auch für Berlin. Auf diesen Einstiegsseiten bieten die „Stadthunde" ihren Usern die wichtigsten regionalen Informationen im Hinblick auf Themen wie Steuern, Hundeverordnungen, Gassi-Routen oder interessante lokale Specials. Egal ob Welpe oder ausgewachsener Hund, man kann sich einfach kostenlos registrieren und Profile für den Hund und das Frauchen oder Herrchen anlegen. Die Community bietet die Möglichkeit, andere Hundehalter mit ihren Hunden in seiner Umgebung kennenzulernen, sich zu verabreden oder zunächst online zu be-

schnuppern. Es besteht die Möglichkeit, Videos hochzuladen, Rudel zu bilden, Spielkameraden zu markieren und sich gegenseitig Geschenke zu machen. Zudem gibt es viele Hundebilder und Welpen-Bilder anzusehen und durch die Voting-Funktion zu bewerten.

Im Magazin findet man interessante Informationen über Hundefutter, Hundeversicherungen, Hundeshops, Hundepflege, ein Hunde Branchenbuch und vieles mehr über das Thema "Hunde".

Das deutschsprachige Hundeportal *www.planethund.com* bietet geballtes Wissen rund um den Hund sowie aktuelle Hundemeldungen für Deutschland, Österreich und Schweiz. Im Hundeforum von *www.planethund.com* können sich Gleichgesinnte austauschen und von erfahrenen Hundehaltern profitieren. Darüber hinaus verpasst der unternehmungslustige Hundehalter mit dem Veranstaltungskalender keinen wichtigen Event mehr.

Wer einen Hund sucht, ist bei *www.Snautz.de* genau richtig. Seit 2005 vermittelt die Website (bis 2008 als *www.Hundefinder.de*) erfolgreich Hunde und Katzen von Züchtern und Privatpersonen. Unter den mehr als 18.000 Angeboten findet man aber auch Hundeschulen, Hundepensionen, Veranstaltungen und hundefreundliche Urlaubsanbieter. Das Inserieren ist kostenlos. Im Magazin erscheinen regelmäßig Artikel mit Wissenswertem rund um die vierbeinigen Freunde.

Weitere interessante Webseiten für Hundefreunde sind *www.Hunde-aktuell.de, www.Dogforum.de, www.polar-chat.de, www.hundeseite.de* oder *www.hundeforum.net.* Auch hier muss man sich zunächst kostenfrei anmelden und kann dann in den verschiedenen Foren mitdiskutieren oder seine Fragen öffentlich stellen.

Weitere Links gibt es auf *www.Hundeshauptstadt.de.*

Perspektivenwechsel

Wie sieht der Hund unsere Stadt? Der folgende Teil „Perspektivenwechsel" soll viele bekannte Orte Berlins und Hundehaltersituationen zum einen aus Menschensicht und zum anderen aus der Hundeperspektive zeigen. Wie sieht es unter einem Sitz im Bus oder Cafétisch aus? Was verdecken Mauern, hohe Wiesen oder Hecken?

Vielleicht legt sich der ein oder andere danach auch einmal auf den Boden und schaut sich die Stadt aus dieser Hundeperspektive an. Es lohnt sich!

Viele Spaß,
Lasse Walter

Brandenburger Tor

Tauentzien

Spreefahrt

Bundeskanzleramt

24

Paul Löbe Haus

Reichstag

Spreeufer

Humboldt Universität

Altes Museum

Berliner Dom

Wiese

Dom und Spree

Zeughaus

Neptunbrunnen

Rotes Rathaus

St. Marienkirche

Fernsehturm

Treppen

Alexanderplatz

Bus fahren

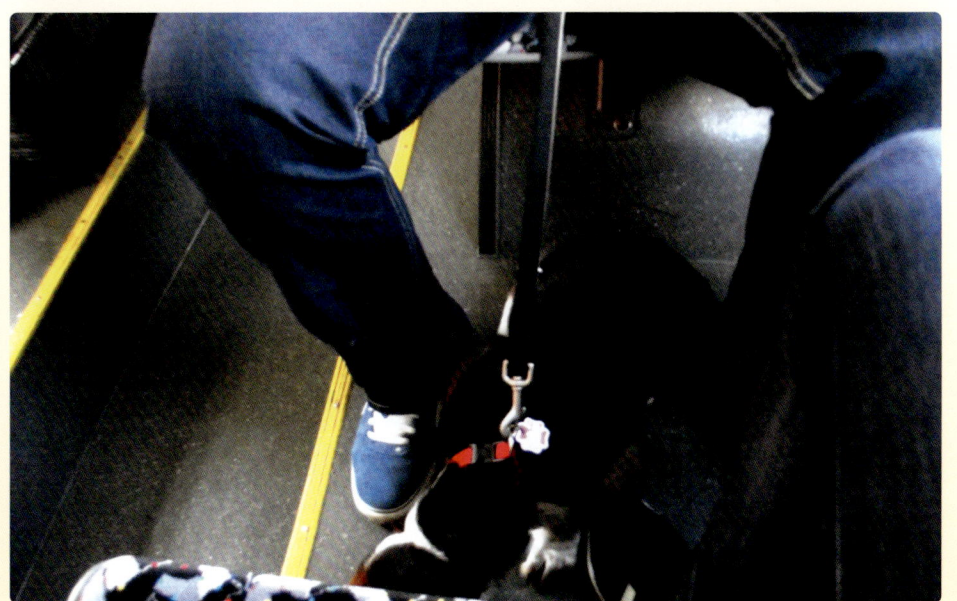

Haus der Kulturen der Welt

Vernissage

S-Bahn fahren

Tierpark

Straßenfest

Biergarten

Cafè

Potsdamer Platz

KaDeWe

Stadtführer für Hunde
FRED&OTTO
Unterwegs in Berlin

Der erste Hunde-Stadtführer für die Hauptstadt
Jetzt überall im Buchhandel!

"FRED & OTTO" sind die ständigen Begleiter aller Hundemenschen in und um Berlin - den wichtigsten Informationen, den schönsten Hundefotos und den besten Adressen der Stadt.

s 14,90 Euro // ISBN 987-3-9815321-0-4 www.fredundotto.de

Manuela Metz

Hundemalerin Manuela Metz
Interview mit Manuela Metz

Kunstmalerin Manuela Metz
Schwerpunkte: Portraits, Tierportraits, Kiezmalerei
Telefon: 0160 95365898
E-Mail: metzi4you@web.de
Facebook: www.facebook.com/KunstmalerinManuelaMetz

Manuela Metz stammt aus einer Künstlerfamilie: Vater Graveur, Onkel Porzellanmaler und Tante Schlagersängerin. Selbst damals das Abitur in Kunst gemacht, nahm sie vor einigen Jahren das Malen u.a. Kiezmalerei und Portraits wieder auf.

Frau Metz, seit wann portraitieren Sie Hunde?
Vor 2 Jahren habe ich ein Tierkommunikationsseminar besucht. Kurz darauf faszinierte mich ein Bild eines Schwarzwolfes, das mein erstes Tierportrait in Acryl wurde. Ich versank beim Malen so in das Bild und die bernsteinfarbenen Augen des Wolfes, dass ich den Eindruck bekam, sie wären lebendig und das Portrait des Wolfes hat eine Seele. So bekam mein erstes Tierportrait den Namen "Mein Seelenfreund". Ich kam also über die Tierkommunikation zur Tierportraitmalerei und versuche den Charakter und die Seele zu portraitieren.

Wer ist der Hund auf dem Bild?
Der Hund auf dem Bild ist Ullrich, eine nicht zu übersehende Bordeaux Dogge, der Kiezhund aus Friedenau und ein Charakterhund durch und durch. Mit einem Jahr war er schon so riesig, aber trotzdem noch ein tollpatschiges Kind. Das hat mich inspiriert, ihn zu malen. Ich habe diesen Charakter in meinem Bild festgehalten, wie mir sein Frauchen und Herrchen bestätigten.

Wie können Hundebesitzer ein Bild bei Ihnen bestellen?
Die Tierfreunde, die ein Bild von ihrem Liebling von mir gemalt haben möchten, vereinbaren am besten telefonisch einen Termin mit mir. Ich lerne das Tier kennen, fotografiere es oder die Besitzer geben mir ihr Lieblingsfoto. Der Preis richtet sich nach Größe und Aufwand des Porträts. Die Erstellung dauert ca. vier Wochen.

Tierarztsuche leicht gemacht

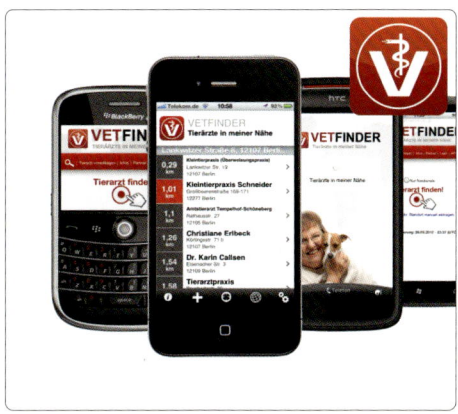

Man stellt es sich besser nicht vor: Sie sind im Urlaub oder am Wochenende unterwegs – und dann, plötzlich, passiert ein Unfall. Ihr Hund ist verletzt. Sie sind geschockt. Um abseits des gewohnten Umfeldes schnellstmöglich tierärztliche Hilfe zu bekommen, hat Entwickler Thomas Hinze ein praktisches Hilfsmittel erfunden: Die VETFINDER App für iPhone und Android. Sie weist kostenlos und mobil den Weg zum nächsten Tierarzt – auch im Ausland. Die Seite funktioniert natürlich auch auf heimischen Computern: *www.vetfinder.mobi*.

Wie kamen Sie auf die Idee zu dem Projekt?
An einem schönen Sonntag war ich zusammen mit meinem Hund Rex, mitten im Harz unterwegs. Leider hatte er sich während des Ausfluges am Bein verletzt und ich brauchte dringend einen Tierarzt. Fehlende Ortskenntnis, Wochenende und die steigende Nervosität machten die Suche trotz mobiler Internetverbindung zu einem Kraftakt. Ich wünschte mir eine Anwendung, mit der ich einen Tierarzt auf Knopfdruck finde - ohne lästiges Tippen, mit automatischer Standortsuche, Anruffunktion und Navigation zum Arzt.

Woher erhalten Sie die Daten der Tierarztpraxen und Kliniken?
Der Großteil, der im VETFINDER verzeichneten Tierärzte und Kliniken wird durch mühevolle Eigenleistung zusammengetragen. Zusätzlich werden regelmäßig fehlende Tierärzte von Nutzern des VETFINDER vorgeschlagen und durch eine Redaktion überprüft. Zur Zeit findet der VETFINDER über 29.000 Tierärzte und Kliniken weltweit. (Stand Q1/2013)

Wie finanziert sich die App?
Der VETFINDER ist für Tierhalter völlig werbefrei und gratis. Finanziert wird unser Dienst aus den Beiträgen, die Tierärzte für eine umfangreiche Darstellung ihrer Leistungen im VETFINDER zahlen.

VETFINDER. TIERÄRZTE IN MEINER NÄHE • *www.vetfinder.mobi*

GiftköderRadar

GiftköderRadar ist ein GPS-Warnsystem
für Hundebesitzer und informiert über
entdeckte Giftköder und mutmaßliche
Gefahrenzonen in der Umgebung des
Anwenders.

Ob Rasierklingen in Hackfleisch-bällchen, Angelhaken im Brötchen oder Rattengift in
der Leberwurst –
die Meldungen über skrupellose Giftattacken gegen Hunde häufen sich zunehmend.
Die Polizei tappt oftmals im Dunkeln und die Unsicherheit unter den Hundebesitzern
wächst. Besorgte Hundehalter können der potentiellen Gefahr jedoch vorbeugen, in
dem sie sich im Internet auf der Seite www.giftkoeder-radar.com gegenseitig vor
vergifteten "Leckerbissen" warnen.
Darüber hinaus können sich Smartphone-Besitzer mit der passenden App
"GiftköderRadar" eine Schutzzone mit einem Umkreis von 25 km um einen beliebigen
Ort einrichten. Sobald innerhalb dieser Zone ein neuer Giftköder gemeldet wird,
informiert die App den Nutzer automatisch per Push-Benachrichtigung. Dieser
zusätzliche Schutz ist kostenpflichtig. Die App bietet darüber hinaus Informationen
zu nahegelegenen Tierärzten und weitere Zusatzoptionen.

Um vorsätzlichen Missbrauch vorzubeugen, verifiziert das GiftköderRadar-Team alle
gemeldeten Fundorte. Hierfür werden beispielsweise bei Veterinärämtern, Tierärzten
oder Polizeidienststellen sachdienliche Informationen eingeholt.

Mehr als 30.000 Hundehalter aus Deutschland, Österreich und der Schweiz nutzen
bereits diese Smartphone-App. Auf Facebook registrierten sich bereits über 15.000
Fans. GiftköderRadar ging im Juni 2011 an den Start und wurde von Amalia und Sascha
Schoppengerd entwickelt, die mit ihrer Tochter und zwei Huskys in Österreich leben.

Dr.Dog

Der mobile Tierarzt Andreas Mertel klärt die 10 wichtigsten Fragen und Situation, die einem Hundebesitzer in einer Großstadt wie Berlin passieren können.

Andreas Mertel ist seit 2010 ein mobiler Tierarzt in Berlin. Die mobile Tierarztpraxis bietet nahezu alle Leistungen an, die auch bei einem niedergelassenen Tierarzt in Anspruch genommen werden können. Aufgrund der benötigten Sterilität und der notwendigen Überwachung der Vitalfunktionen werden jedoch zuhause keine Operationen oder Untersuchungen in Narkose durchgeführt. Durch die Mobilität bieten sich zusätzlich einige Vorteile: die Fahrt/ der Transport zum Tierarzt entfällt, lange Wartezeiten entfallen, die Tiere sind zuhause entspannter und stressfreier, 24 Stunden-Erreichbarkeit, flexible Terminplanung auch nach Feierabend.

Tierarzt Andreas Mertel
Paderborner Straße 1
10709 Berlin
Telefon 0151 42 40 92 30
Telefax 03212 26 61 97 8
Mail *kontakt@tierarzt-mertel.de*
Web *www.tierarzt-mertel.de*

Wie oft muss ich meinen Hund entwurmen?

Es gibt eine Kommission, die Empfehlungen zur Parasitenprophylaxe bei Hunden veröffentlicht und jährlich aktualisiert. So ist die Häufigkeit der Entwurmung nach der Möglichkeit/ Wahrscheinlichkeit zur Ansteckung auszurichten.

- Stadthunde, die nur an der Leine laufen dürfen,
  werden alle 12 oder alle 6 Monate entwurmt.
- Die Abenteurer, die durch Wald, Wiese und Weide streunen und auch
  in der Stadt ohne Leine in Büschen und auf Wiesen nach Erlebnissen suchen,
  sollten alle 3 Monate entwurmt werden.
- Bei Hunden, die täglich und auch ohne Aufsicht in der Natur unterwegs sind
  (z.B. Jagdhunde oder Hütehunde) sollten einmal im Monat entwurmt werden.

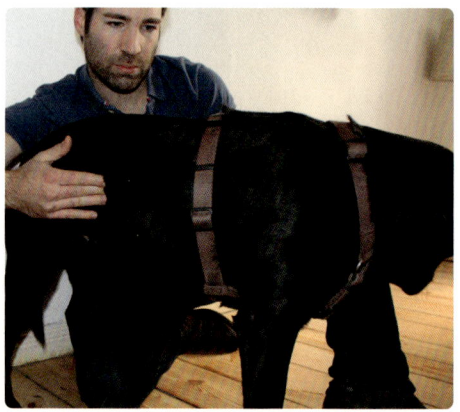

Muss ich meinen Hund gegen Staupe impfen, wenn sich viele Füchse im Stadtgebiet damit angesteckt haben?

Wenn der Hund im Rahmen seiner jährlichen Impfung gegen Staupe, Hepatitis Contagiosa Canis, Parvovirose, Zwingerhusten, Leptospirose und – alle 3 Jahre – Tollwut geimpft wurde, dann besitzt er den vollständigen Schutz gegen Staupe.

Jeder spricht vom Barfen – muss mein Hund das auch?

Grundsätzlich ist jede Form der Fütterung gesund, wenn der Hund gesund ist. Ein Blick auf die Inhaltsstoffe der Hundenahrung ist jedoch immer zu empfehlen, da Inhaltsstoffe wie Zucker, Soja, Getreide und tierische Nebenerzeugnisse nicht gerade das sind, wovon sich ein Hund ernähren sollte. Wenn die Fertignahrung – möglichst 100% - Muskelfleisch, eine gesunde Kohlenhydratquelle (z.B. Kartoffeln) und etwas Gemüse enthält, dann sind gute Grundvoraussetzungen geschaffen, das Nahrung nicht krank macht. Ob diese Nahrungsbestandteile in Rohform oder als Fertignahrung gefüttert werden, spielt in der Regel keine Rolle. Jedoch kann bei sehr sensiblen Hunden oder beim Vorliegen von Futtermittelunverträglichkeiten/ -allergien eine Umstellung von Nöten sein, die bei Roh-/ Frischfütterung besser eingestellt werden kann.

Ist die Kastration des Rüden sinnvoll oder nicht?

Einer der häufigsten Gründe, warum Rüden kastriert werden, ist nicht der gesundheitliche Aspekt, im Einzelnen die Vermeidung einer tumorösen Entartung, sondern die Reduzierung oder Eliminierung verschiedener unerwünschter Verhaltensweisen wie Aggression (gegenüber Rüden), Dominanzverhalten oder die Rastlosigkeit in Zeiten läufiger Hündinnen in der Nachbarschaft.

Tatsache jedoch ist, dass keine dieser Verhaltensweise zwingend verschwinden muss nach einer Kastration. Häufig sind erziehungsbedingte Ursachen Schuld am unerwünschten Verhalten des eigenen Tieres. So sollte sich jeder Rüdenbesitzer dessen bewusst sein, dass er unter Umständen mit der Kastration etwas verbessern, allerdings auch neue unerwünschte Nebeneffekte erzeugen kann. Hierzu zählen Trägheit, Gewichtszunahme und Veränderungen des Haut- und Haarkleides.

Macht dagegen die Kastration der Hündin Sinn?

Mal abgesehen davon, dass die Kastration ein chirurgischer Eingriff meist ohne Notwendigkeit dargestellt (Tierschutz?), kann dadurch eine Vielzahl an Erkrankungen verhindert werden, wenn sie rechtzeitig, in der Regel spätestens nach der ersten Läufigkeit durchgeführt wird. Denn dann reduziert sich die Wahrscheinlich von Gesäugetumoren auf ein Minimum. Zudem kann sich eine entfernte Gebärmutter (wird allerdings nicht immer entfernt) nicht mehr entzünden bzw. tumorös entarten.

Aber auch hier sind natürlich hormonelle Schwankungen zu erwarten bzw. spielt die kastrationsbedingte Inkontinenz eine Rolle.

Was mache ich, wenn mein Hund in eine Glasscherbe tritt und sich dabei verletzt?

Hunde haben zum Glück eine Art siebten Sinn, mit ihren vier Pfoten Steine, Scherben und andere Dinge zu vermeiden, die nicht am Fuß kleben sollten.
Tritt der Hund dennoch mal in eine Scherbe, die z.B. unter Laub versteckt war, ist es wichtig, Ruhe zu bewahren und den Rat eines Tierarztes (Praxis oder mobil) einzuholen; dieser wird die Wunde untersuchen und feststellen, ob es nur ein gewöhnlicher Schnitt ist oder ob wichtige Strukturen verletzt sind, die das normale Laufen behindern können. Diese wichtigen Strukturen sind vor allem die Sehnen, z.B. Streck- und Beugesehnen.

Ohne Sehnenverletzung kann die Wunde entweder geklammert oder genäht werden. Außerhalb des Ballenhornes entscheiden darüber die Größe der Schnittwunde und die Wundspannung. Ballenhorn sollte immer genäht werden, da Klammern hier nur

55

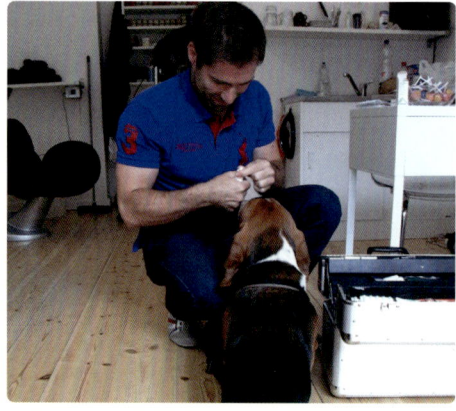

schlecht halten und das Gewebe länger braucht, um zu heilen. Hierfür sollte eine Lokalanästhesie eingesetzt werden, um die Schmerzen so niedrig wie möglich zu halten.

Sehnenverletzungen werden entweder gesehen – z.B. wenn ein tiefer Schnitt per se die Versorgung in Narkose erfordert und die Sehne chirurgisch dargestellt werden kann.
Die Verletzung der Sehne kann auch äußerlich sichtbar sein, z.B. bei einem Zehenhochstand – hierbei ist die Beuge-sehne des jeweiligen Zehs verletzt, so dass ihr Gegenspieler die Strecksehnen
eine übermäßige Streckung des Zehs verursacht, die Zehenhochstand genannt wird.

Diese Art von Verletzung sollte in jedem Fall mit Schmerzmitteln und Antibiotikum behandelt werden, da die verursachende Scherbe häufig bakteriell kontaminiert ist.

Wie reagiere ich, wenn mein Hund im Freien etwas frisst, von dem ich nicht weiß, was es ist?

In der heutigen Zeit muss man leider damit rechnen, dass manches von dem, was auf der Straße liegt, nicht nur weggeworfenes Essen der Menschen ist, sondern bewusst ausgelegte Köder, um Hunden zu schaden. Jedoch kann auch einfach vergammeltes Essen einem Hund schaden, wenn in diesem Essen durch Bakterien gebildete Toxine (Gifte) frei werden und einen Art Magen-Darm-Grippe verursachen bzw. sogar durch Schleimhautschädigungen des Darmes in die Blutbahn gelangen können.

Ausgelegte Köder können Gifte enthalten, z.B. Cumarine – Rattengifte, die zeitlich verzögert zu Spontanblutungen im Körper und – ohne rechtzeitige Hilfe – zum Verbluten des Hundes führen.

Sollte der Verdacht bestehen, dass einen Rattengiftaufnahme erfolgt ist, gibt es zwei Regeln zu befolgen:

Wenn die Aufnahme gerade erst passiert ist, macht es Sinn, den Hund erbrechen zu lassen (nur mit Medikamenten vom Tierarzt möglich!), um die Aufnahme des Wirkstoffes in die Blutbahn zu verhindern bzw. zu verringern.

Dennoch – ob mit oder ohne Erbrechen – sollte 48 und 72 Stunden nach der vermuteten Aufnahme das Blut auf Veränderungen in der Blutgerinnung untersucht werden. Dadurch kann frühzeitig eine Gefahr erkannt und diese unter Umständen durch Gabe von Vitamin K (nur beim Tierarzt) abgewendet werden.

Bei anderen Ködern, z.B. wenn Rasierklingen vermutet werden, ist es absolut wichtig, den Hund entweder direkt (innerhalb der ersten 1 bis 2 Stunden) erbrechen zu lassen oder durch Röntgenuntersuchung die Aufnahme zu bestätigen und – falls diese sich schon im Darm befinden, eine Notoperation einzuleiten.

Was muss ich tun, wenn mein Hund vom Frostschutzmittel (Keller, Garage etc.) getrunken hat?

Frostschutzmittel (Ethylenglykol) schmeckt für Tiere recht süßlich und wird daher leider ab und an aufgenommen. Hierdurch wird ein Versagen der Nieren eingeleitet, dass – ohne rechtzeitige Intervention – unweigerlich zum Tod führt.

Die Hunde müssen so schnell wie möglich zum Erbrechen gebracht werden. Und egal wie schnell, das Erbrechen erfolgt ist, ist eine Infusion mit verdünntem Alkohol (20% Ethanol) innerhalb der ersten 5 Stunden absolut verpflichtend, da dieser den Zerfall des Frostschutzmittels in seine schädlichen Bestandteile verhindert und dem Hund das Leben rettet. Klar werden die Hunde auch etwas betrunken davon (Gefahr: Atemstillstand), aber das ist die einzige Therapie.

Wann bekommen Hunde eine Magendrehung?

Die Magendrehung ist eine lebensbedrohliche Erkrankung, über deren Ursachen schon seit vielen Jahrzehnten diskutiert wird. Es gibt keine einzelne und einzige Ursache, auch kann man nicht sagen, dass Hunde, die nur einmal täglich gefüttert werden und nach dem Essen nicht erst einmal zwei Stunden ruhen, automatisch eine Magendrehung bekommen.

Am ehesten sind jene Hunderassen davon betroffen, die einen recht tiefen Brustkorb besitzen, z.B. Schäferhunde, Rottweiler, Mastiff, Dogge, Dobermann. Kleine Hunderassen bekommen äußerst selten eine Magendrehung, da die anatomischen Gegebenheiten diese nicht wirklich zulassen; der Magen muss Platz haben, um durch die Gasbildung aufzusteigen und sich dann zu drehen.

Generell gilt, dass eine Fütterung auf mehrere Portionen und anschließende Ruhephasen einer möglichen Drehung des Magens vorbeugen können.

Wenn der Hund sich kratzt, hat er Flöhe?

Das ist meist gar nicht der Fall. Meist liegen andere Ursachen zugrunde, die entweder durch eine Störung des Immunsystems oder durch Störungen der Haut bedingt sind.

Wenn Parasiten der äußeren Haut ausgeschlossen wurden, müssen nach und nach die anderen Ursachen ausgeschlossen werden.

Hierbei spielen Allergien auf unterschiedlichste Reize eine übergeordnete Rolle.

Ob gegen Futterbestandteile, Naturstoffe (Pollen), Pilze (v.a. Schimmelpilze) oder auch Milben, die Diagnose gestaltet sich häufig schwierig ist meist nur durch Ausschluss zu bekommen. Mögliche Allergietests können sehr aufschlussreich sein, jedoch auch nur Graubereiche offenbaren, die den Hundebesitzer nicht unbedingt schlauer werden lassen.

Um die Symptome zu reduzieren oder gar verschwinden zu lassen, kann Kortison eingesetzt werden. Dieses beseitigt jedoch nur die Symptome und nicht die Ursache und kann zudem die Analyse von Blut- und Haarproben verfälschen.

Eine Ausschlussdiät mit außergewöhnlichem Protein (z.B. Hirsch) und Kartoffeln als Kohlenhydratquelle eignet sich sehr gut zum Ausschluss einer Futtermittelunverträglichkeit bzw. –allergie.

Wenn tiefe Hautverletzungen und/oder –entzündungen auftreten mit weiteren unspezifischen Symptomen können auch seltenere Erkrankungen (des Immunsystems oder der hormonbildenden Drüsen, z.B. Schilddrüse, Nebennieren) vorliegen.

Besitzerin der Hundeschule HBB und des Hundehotels HHB: Astrid Lutz

Interview mit Astrid Lutz

Liebe Astrid, Du hast Deine Hundeschule bereits vor 11 Jahren gegründet. Wie hat sich der Hundeschulen-Markt und wie haben sich vielleicht auch die Hundehalter seitdem verändert?

Als ich 2002 von Hannover nach Berlin kam, nachdem ich dort meine Hundeschule IDEFIX an ehemalige Mitarbeiter abgegeben hatte, begann ich erneut ganz von vorne. Zunächst mit kleinen Handzetteln und recht bald mit einem eigenen Internetauftritt. Der neue Name „Hundeschule Berlin-Brandenburg HBB" prägte sich schnell ein und nachdem ich diesen patentrechtlich angemeldet hatte, konnte auf dem damals eher dünn besiedelten Hundetrainermarkt somit ein zuverlässiges Standbein aufgestellt werden. Nach einem knappen halben Jahr benötigte und bekam ich tatkräftige Unterstützung beim Aufbau der Schule durch eine damalige Kundin. Innerhalb von wenigen Jahren wuchs die Schule heran und erreichte im Jahr 2010 eine Mitarbeiterzahl von 10 weiteren Trainern, die im Namen der HBB für mich tätig waren. Im Jahr 2002 und in den Folgejahren gab es nur wenige selbstständige Hundetrainer, die sich dadurch ihre Existenz sichern konnten und man kannte das Thema Hundeschule eher als „übertriebenen Luxus" neben den klassischen Hundevereinen. Viele Halter waren sicherlich zu Recht der Ansicht, keine Schule zu benötigen, die es in der Vergangenheit ja auch nicht gab und denen der oft raue Ton und die „Vereinsmeierei" meist unangenehm waren. Aufgrund der stetig wachsenden Anforderungen an Hunde im Stadtbild wuchs jedoch mehr und mehr die

Notwendigkeit, Hunde intensiver auszubilden, um vor allem rechtliche Konsequenzen zu vermeiden. Da wir uns in Berlin die Auslaufgebiete nicht nur mit anderen Bürgern teilen, sondern auch immer wieder mit anderen Bewohnern des Waldes, z.B. Wildschweinen und Füchsen, und die Nutzungsdichte der ausgewiesenen Gebiete ständig gewachsen ist, wurde die Notwendigkeit von geeigneten Schulen immer größer. Im Laufe der letzten 10 Jahre hat sich der Hundetrainermarkt und anderen Serviceanbietern verzehnfacht. Waren es

2000 nur 3 professionelle Ausführdienste im Bezirk Steglitz/ Zehlendorf, finden wir heute 30! gemeldete Anbieter dieser Art nur in diesem Bezirk. Es herrscht ein starker Verdrängungswettbewerb mit teils sehr unschönen Begleiterscheinungen und keiner gönnt dem anderen die Butter auf dem Brot. Dabei sind Sachbeschädigungen an Transportern, abgerissene Werbungen und üble Nachreden nur ein kleiner Teil. Jeder meint, es besser zu wissen und es wird von vielen jede Möglichkeit genutzt, andere Anbieter schlecht dastehen zu lassen. Dabei wird häufig übersehen, dass letzten Endes der Kunde die Entscheidung trifft, wo er meint, gut aufgehoben zu sein und probiert durchaus mehrere Anbieter aus.

Auch bei Hundehaltern kann ich eine Veränderung feststellen, die jedoch eher Grund zur Sorge gibt. Wurden noch vor 10 Jahren Hunde aufgrund bestimmter Anforderungen, wie z.B. zur Jagd, als Wachhund oder zur sportlichen Betätigung; werden heutzutage leider die meisten nur noch aufgrund ihres hübschen Aussehens angeschafft. Sie sollen Kuschelpartner, Kinderersatz, Begleiter in allen Lebenslagen und anderes sein.

Im Vergleich zur Vergangenheit wurde vor der Anschaffung genau überlegt, wo man seinen Hund kauft und der Züchtermarkt war noch relativ übersichtlich.

Heutzutage muss es vor allem schnell gehen - man trifft die Entscheidung, einen Hund zu wollen und sucht im Internet danach. Obwohl längst bekannt, dass es viele Hundevermehrer gibt, die auf schnelles Geld aus sind und man nur „schlechte/kranke Ware" bekommt, wird dennoch munter gekauft. Bei jeder anderen Anschaffung, die für mindestens 15 Jahre halten soll, vergleicht man, wägt ab, prüft lange,… nur beim

Hund nicht! Es wird nicht überlegt, ob der zwar hübsche, oft aber hochspezialisierte Hund, den man sich ausgesucht hat, überhaupt genetisch in der Lage ist, den Anforderungen des künftigen Halters gerecht zu werden. Im Vergleich: man kauft sich einen teuren Ferrari, um dann damit nur in 30er Zonen fahren zu wollen und ärgert sich, wenn das langsame Anfahren nicht klappt und der Motor aufgrund der fehlerhaften Auslastung irgendwann kaputt geht.

So werden wir z.B. häufig vor die Aufgabe gestellt, den Jagdhund vom Jagen abzuhalten oder dies gar ganz abzustellen. Auch die Veränderung der Wahrnehmung bei Haltern ist auffällig und nur allzu oft fehlt ein „gesundes Bauchgefühl". Heutzutage ist es modern, alles schön und harmonisch zu gestalten und dies soll auch bitteschön beim Hund so sein - wenn das eigene Leben schon nicht nur so verläuft, dann wenigstens beim Hund. Es gibt mittlerweile verschiedenste Erziehungsstile- von hart bis zart und Halter sind oft nicht mehr in der Lage zu erkennen, wann was davon einen Sinn macht: Aggressive Hunde sollen mittels Leckerchen vom Beißen abgehalten werden, um dann immer zu loben, wenn sie mal nicht beißen - so als wenn ich einem gewaltbereiten Jugendlichen eine Cola anbiete, damit er nicht zuschlägt - und die Cola dann immer anbieten muss.

Andere werden mittels Stromhalsband oder Stachelwürger zum Apportieren oder zum perfekten Agilityhund abgerichtet - so als wenn ich dem Schulkind den Hintern verhaue, wenn es nicht richtig rechnet. Viele Halter haben mal einen Hund gesehen, der ihnen gefällt und ihr eigener soll nun genauso sein, wie der Beispielhund. Dass dahinter jedoch eine lange Vorbereitung steht, angefangen mit der Auswahl des passenden Züchters, viel Arbeit und Zeit vor allem im ersten Lebensjahr des Hundes und eine fortlaufende Entwicklung in den kommenden 15 Jahren, wird dabei jedoch oft übersehen, bzw. sogar vollständig ignoriert. Unterm Strich mangelt es oft an vielen Ecken und Enden am Verantwortungsbewusstsein und wenn es schief geht, lag es eben am Hund oder dem Trainer, oder, oder, oder…

Im Jahr 2011 kam dann das Hundehotel HHB hinzu. Gab es eine Zeit der „Teilzeitbetreuung" also sogenannte Hundetagesstätten in der Hundeschule? Wieso nach 9 Jahren der Schritt zum Hundehotel?

Im Laufe der Jahre als Trainer mit festen Kursen und Terminen wuchs der dringende Wunsch, ein eigenes eingezäuntes Trainingsgelände zu haben, um noch besser auf die Anforderungen von Welpengruppen und anderem reagieren zu können.

2006 war es dann endlich soweit und ich hatte ab Juni ein eigenes Grundstück in der Cordesstraße im Eichkamp mieten können. Dort wurden nicht nur viele Kurse und Trainings angeboten, sondern ich reagierte kurzfristig auf die ständige Nachfrage nach Betreuungsplätzen für Hunde. 2006 eröffnete ich die Hundetagesstätte und im Laufe der Zeit nahm ich im Durchschnitt 25 Tagesgäste auf, die auf 2000m² intensiv beschäftigt wurden und sich auspowern konnten.

Mit spärlichen Mitteln, da keine Bank der Welt bereit war, mir einen Kredit zu gewähren, weil die Mietkonditionen grundsätzlich keine langfristige Finanzierung zuließen, baute ich Stück für Stück das Gelände auf mit Zäunen, Bürocontainern und Hundehäusern. Anfänglich ohne Stromversorgung, dauerhaft ohne Wasseranschluss, war es jedoch ein immer sehr großer Aufwand, das hohe Kundenaufkommen adäquat zu leisten.

Es häuften sich die Anfragen nach Pension und Übernachtbetreuung, die ich dort vor Ort jedoch nicht leisten konnte und wollte, da für mich bereits von Beginn an fest stand, niemals einen Hund ohne Aufsicht über Nacht aufzunehmen; zu groß erschien

und erscheint mir die Gefahr, in einer Notfallsituation nicht da zu sein. Die Idee zu einem Hundehotel wuchs über die Jahre stetig, da ich meine eigenen Hunde nicht in bereits bestehende Pensionen geben wollte - meine Anforderungen waren jeweils zu hoch und die Betreuung erschien mir nicht gewissenhaft genug im näheren Umkreis.

Der endgültige Schritt, das Hundehotel in die Realität umzusetzen, kam gezwungenermaßen, nachdem das Hundeschulgrundstück an einen Unternehmer verkauft wurde und dieser verlangte, dass ich sofort das Grundstück zu verlassen hätte. Ich konnte nach langem hin und her und vielen schwierigen Gesprächen zumindest eine „Schonfrist" erreichen, so dass ich kurzfristig ein Gebäude fand, in dem sich der eigentliche Plan Hundehotel realisieren ließ.

Ich hätte diesen Plan nicht so schnell umgesetzt und eigentlich gern noch etwas mehr Zeit zur Vorbereitung gehabt, jedoch drückte der neue Eigentümer und ich wollte meine zuverlässigen Tagesgäste und Mitarbeiter nicht hängen lassen. So wurde mit sehr viel Aufwand ein großer Spagat zwischen der Realisierung des neuen und noch nicht benutzbaren, sowie der Auflösung des alten Grundstücks hergestellt. Im Nachhinein betrachtet völliger Irrsinn… Das würde ich so nie wieder machen.

Mit dem Hundehotel habe ich mir einen Traum erfüllt, in dem ich fachlich kompetente Betreuung von 1 Stunde bis wann auch immer anbieten kann. Im Vordergrund stehen die Hunde und man sucht vergebens nach Plüsch und Schnickschnack.

Unser Luxus steht in der permanenten Betreuung unserer Gäste und einem hohen Gesundheitsstandard. Kein Hund ist allein oder zu zweit in ein Zimmer gesperrt, jeder Hund kommt in eine für ihn passende Hundegruppe und erhält täglich mind. 2 Stunden Auslauf auf unseren sicher eingezäunten Auslaufflächen. Dazu kann er indoor toben, spielen, kuscheln, schlafen und noch einiges mehr.

Wie sieht Deine Woche aus?

Ich habe grundsätzlich eine 6 Tage Woche und beginne morgens kurz nach 8 mit einem Überblick im Büro, welche Anmeldungen für die Kurse vorliegen, dann geht es meist in den Wald zu Kursen - sei es offene Trainingsgruppen, die 6x pro Woche stattfinden, Sportkurse für Halter mit Hund, Grundkurse, Beschäftigungskurse, Einzeltrainings, Welpengruppen oder Wanderungen. Hinzu kommen Seminarvorbereitungen für die Verwaltungsakademie, Theorieveranstaltungen, Bilder

machen von Gruppen,… und vieles mehr.

Dazwischen bürokratisches wie Telefon, Rechnungen, Bank, Organisatorisches, Pflege der Internetauftritte - neue Bilder einstellen, Werbemaßnahmen gestalten, Einsatzpläne der Mitarbeiter besprechen, Schulungen vorbereiten, …

Unter der Woche wechseln Trainings und Büroarbeiten bis zum späten Nachmittag, dann steht die Familie im Vordergrund bis zum frühen Abend und Abends dann wieder am Rechner, um Termine und anderes einzustellen. Samstags stehen die Gruppen im Vordergrund und ich verbringe den halben Tag im Wald, die andere Hälfte im Hotel, um Welpengruppen zu geben oder andere Kurse. Sonntags bleibt immer frei.

Das sind eine Menge Wochenstunden bzw. Wochenendstunden, wie bringst Du Familie, Kinder und eigene Hunde unter einen Hut?

Ehrlich gesagt ist es oft schwierig, allem gerecht zu werden und es bedarf jeweils immer einer guten Planung im Voraus, um alles zu schaffen. Wenn sich ein Parameter verschiebt, bewirkt das immer eine Kettenreaktion und ich muss flexibel reagieren. Leider geht das manchmal zu Lasten der Kunden, wenn ich einen Termin u.U. auch 2x verschieben muss.

Die eigenen Hunde kommen meist mit und laufen in den Trainings mit - sowohl in

den Gruppen, als auch in den Einzeltrainings. Es gibt aber auch Tage, wo keine große Beschäftigung möglich ist - dann wird mal ein Tag im Büro verschlafen - dafür sind sie an anderen Tagen bis zu 6 Stunden draußen unterwegs. Als Patchworkfamilie haben wir uns gut organisiert und halten bestimmte Freiräume füreinander ein, die nicht verschoben werden.

Du bist in Berlin bereits sehr bekannt und seit 2006 auch Sachverständige für das Hundewesen im Land Berlin. Was ist dabei Deine Aufgabe?

Laut Behörde bin ich in der Lage, Hundeverhalten sachlich und kompetent einzuschätzen. Dies kann dann nötig werden, wenn ein Hund oder ein Halter mit seinem Hund in der Öffentlichkeit auffällig geworden ist.

Beispielsweise wurde eine Anzeige gegen einen Halter erstattet, dessen Hund eine Person gefahrdrohend angesprungen hat. Aufgrund einer solchen Anzeige hat der Hund einen Leinenzwang erhalten und wurde bei einer Begutachtung auf dem Veterinäramt als auffällig bezeichnet und es kann nun eine Sachkunde des Halters und ein Wesenstest des Hundes gefordert werden. Ich darf solche Sachkundetests, sowie Wesenstests abnehmen und beurteilen.

Anhand einer solchen Beurteilung entscheidet dann wiederum das Veterinäramt, ob der Leinen/Maulkorbzwang bestehen bleiben muss oder die Auflage aufgehoben wird. In ernsten Fällen muss manchmal auch beurteilt werden, ob der Hund generell der Umwelt zuzumuten ist oder der Halter generell in der Lage ist, die Verantwortung für diesen Hund zu tragen. Ein bereits als gefährlich eingestufter Hund aufgrund seiner Rassezugehörigkeit oder aufgrund seines bereits gezeigten gefährlichen Verhaltens kann im Zweifel durch die Behörden eingezogen werden. Hierzu berät der/die Sachverständige. Überwiegend nehme ich Sachkundenachweise und Wesenstests ab von Hunden, die aufgrund ihrer Rasse als Listenhund gelten. Diese Hunde müssen einen Wesenstest machen mit Vollendung des 15. Lebensmonats.

Seit 2008 bin ich außerdem Lehrbeauftragte der Senatsverwaltung zur Schulung des öffentlichen Dienstes im Rahmen des Landeshundegesetzes. Hierbei durchlaufen sowohl bestehende, als auch neue Ordnungsdienstmitarbeiter eine zweitägige Intensivschulung in Theorie und Praxis. Der AOD - Allgemeine Ordnungsdienst - ist danach in der Lage, die Einhaltung des bestehenden Landeshundegesetzes entsprechend zu beurteilen - also Hunde der Rasseliste mit hoher Wahrscheinlichkeit zu erkennen, die nötigen Papiere zu beurteilen, aber auch das Verhalten von Hunden im Allgemeinen zu beurteilen, bzw. zu erkennen, ob ein Halter seinen jeweiligen Hund unter Kontrolle hat oder eben nicht. In den meisten Fällen sind es leider eher die Hunde/Halter, die nicht auf einer Rasseliste vermerkt sind, die außer Kontrolle geraten.

Was war der emotionalste Fall?

Emotional sind alle „Fälle", denn ich arbeite mit Menschen und Tieren und nicht mit Gegenständen. Ich habe immer mit Beziehungen zwischen Menschen und Hunden zu tun und dies macht es auch mir manchmal nicht leicht, sachlich und „nüchtern" dabei zu bleiben.

Wenn ich sehe, dass der Mensch überfordert ist mit den Talenten seines Hundes oder der Hund partout nicht zu den Lebensumständen des Menschen passt und der Mensch dennoch darauf beharrt, dass „das irgendwie klappen muss", gab es in der Vergangenheit auch mal Fälle, wo ich jedwedes weitere Training abgelehnt habe.

Du arbeitest nun seit 12 Jahren mit Hundehaltern und Hunden in Berlin zusammen, was brennt Dir unter den Nägeln, bzw. wolltest Du schon immer einmal loswerden?

Ach Herrje, da sammelt sich zugegebener Weise einiges an in diesen vielen Jahren...

Angefangen mit dem Umstand, dass sich viele Halter als Profi empfinden und ungefragt ihre Meinung und ihren Rat meinen abgeben zu müssen über andere Halter und deren Hunde, bzw. gleich als Trainer und/oder als Ausführdienst tätig werden, ohne die geringste Ahnung zu haben - vergleichbar mit dem Beispiel, dass ich, nur weil ich gut Kekse backen kann, behaupte, ich könne eine Bäckerei aufmachen.

Generell machen sich Menschen vor der Anschaffung eines Hundes wenig bis keine Gedanken, ob der gewählte Typ Hund überhaupt in das eigene Leben passt und man geht mit großen Erwartungen an bestimmte Rassen heran, die Hunde teils unmöglich erfüllen können. Bei jedem anderen Kauf wird vorher genau verglichen, was es kann, welche Zusatzkosten auf mich zukommen, ... beim Hund wird emotional gehandelt. Der Nachbar hat einen solchen Hund und meiner soll genauso sein - also schnell her

damit - ungeachtet dessen, was ein Hund überhaupt ist und wozu die gewählte Rasse ursprünglich gezüchtet wurde. Mit großem Talent werden bestimmte Rassebeschreibungen negiert/verdrängt mit der Annahme, dass es „schon nicht so schlimm werden wird.".

Am Schlimmsten sind diejenigen, die behaupten, ihr Hund „würde so etwas niemals tun" - hier zeigt sich jeweils in vollem Umfang die totale Unfähigkeit des Halters.

Zum Schluss: Hunde sind etwas Wunderbares und eine wirkliche Bereicherung, wenn sich Halter verantwortungsbewusst verhalten. Angefangen mit dem Aufheben der Hinterlassenschaften des Hundes und endend mit der Tatsache, dass ein Hund ein Lebewesen ist und nur das tut, was sein Halter zulässt.

Wenn dann festgestellt wird, dass der Hund zu schwierig ist, kommt in vollen Zügen die Wegwerfmentalität durch und der Hund war eben doof - man selbst jedoch natürlich nie und man entledigt sich dessen wieder - und schafft sich den nächsten an...

In den letzten 20 Jahren hatte ich viele Hunde, die nicht in die Erwartungen der Halter gepasst haben, bzw. man nicht bereit war, sich auf die gezeigten Talente seines Hundes entsprechend verantwortlich einzulassen, weil man es nicht konnte oder wollte. Bei allen Hunden hätte man vorab erkennen können, dass der gewählte Hundetyp nicht passen wird.

Als Mitglied des Berliner Bello-Dialoges habe ich intensiv für einen allgemeinen Sachkundenachweis VOR der Anschaffung und einen Hundeführerschein plädiert, um ein entspanntes Miteinander zu ermöglichen.

In einer Zeit, in der wir sogar einen Angelschein benötigen, um zu angeln, ist ein Hundeführerschein nur recht und billig.

Jeder gebissene Mensch und jeder abgegebene Hund im Tierheim ist einer zu viel und grundsätzlich nicht nötig.

Hundetherapie

Hunde als Therapeuten

www.tgi-berlin.de

Liebe Karolin, Du und Mika kamt vor acht Jahren nach Berlin und habt den Beschluss gefasst, Euch als Therapie-Hund und -Hundeführerin ausbilden zu lassen. Wie kam es dazu?

Ich wollte eine sinnvolle Beschäftigung für meinen Hund, die über tägliche Runden im Park hinausführt. Beim Tag der offenen Tür im Tierheim sind wir auf den Verein „Hunde im Sozialdienst e.V." gestoßen. Die ehrenamtlichen Mitglieder dieses Vereins besuchen mit ihren Hunden Alten- und Behindertenheime, Kindergärten usw.. Das fand ich sehr spannend. Ich hatte gerade mein Psychologie-Studium angefangen und wusste aus eigener Erfahrung, wie sehr sich das „Zusammensein" mit einem Hund auf das Wohlbefinden auswirken kann. Das wollte ich gern mehr Menschen zugänglich machen.

Vier Jahre lang habt Ihr eine Demenzstation eines Altenheimes besucht und Du hast auch Deine praktischen Erfahrungen in Deiner Diplomarbeit in einen theoretisch-wissenschaftlichen Kontext gestellt. Was hast Du herausgefunden?

Ich habe in einem Altenheim, in dem seit 10 Jahren ein regelmäßiger Hundebesuchs-Dienst stattfand, umfangreiche Interviews mit nahezu allen Beteiligten geführt. Es zeigte sich u.a., dass der „Hundebesuch" verschiedenste Formen nicht-medikamentöser

Mika bei der Arbeit

Intervention bei Demenz verbindet: Der Hund weckt positive Gefühle und verschollen geglaubte Erinnerungen: „Ich hatte auch mal einen Hund! …und eine Katze! Ja, ich hab auf einem Bauernhof gelebt!" (Biografiearbeit). Antriebsgeminderte Demenzkranke werden durch den Hund aktiviert, zeigen Initiative und Spaß an Bewegung und Spiel (Ergotherapie). Das Fell ist warm & weich: Die Hand die streichelt, wird auch selber gestreichelt (sensorische Verfahren). Und nicht zuletzt wirkt der Hund auch als „Brücke" zwischen den Bewohnern untereinander und auch zum Personal, indem er ein gemeinsames soziales Erleben ermöglicht und Gesprächsstoff schafft.

Was war ein besonders bewegendes Erlebnis?

Es war immer sehr bewegend zu erleben, wie viel Freude wir in das Altenheim bringen konnten. Besonders in Erinnerung ist mir eine ältere Dame, die nach Aussage der Pfleger nur noch vollkommen in sich versunken in ihrem Rollstuhl saß, mit niemandem redete und nicht mehr am Leben teilnahm. Als mein Hund und ich aber die Station betraten, hob sie den Kopf, ihre Augen strahlten und sie begann zu erzählen, zum allerersten Mal seit sie dort war – von ihrem Hund von damals.
Das war für alle unglaublich.

Seit 2 Jahren arbeitest Du nun mit Mika, inzwischen als Diplompsychologin, mit "verhaltenskreativen", autistischen, geistig behinderten oder Kindern mit AD(H)S in der Eingliederungshilfe. Wie unterscheidet sich dort Deine Arbeit im Vergleich zum Altenheim?

Auch in der Arbeit mit Kindern verbreitet Mika Freude und wirkt motivierend. Allerdings geht es natürlich weniger darum, verschüttete Erinnerungen zu wecken. Im Allgemeinen motiviert der Hund, sich Aufgaben zu stellen, Neues zu lernen und zu üben und das auf eine sehr spielerische und für das Kind spannende Weise. Für ein motorisch eingeschränktes Kind kann es eine schwierige Aufgabe sein, einen

70

Ball zu werfen – wenn Mika aber erwartungsvoll mit großen Augen darum bettelt, ist die Motivation groß, es zu versuchen. In der Gruppe vermittelt er den Kindern soziale Kompetenzen, denn für manche Tricks, die er kann (z.B. durch einen Reifen springen), müssen sie zusammenarbeiten, sich absprechen und Kompromisse finden.
Es stärkt das Selbstvertrauen, wenn ein schwieriges Kunststück, z.B. eine Seitwärtsrolle des Hundes, endlich klappt. Dafür braucht es Worte und zeitgleich ein passendes Handzeichen – also Konzentration, Koordination und manchmal auch einiges an Mut.

Wie kann Mika helfen?

Der Hund überfordert nicht mit Worten und stellt keine zu hohen Ansprüche. Seine Kommunikation findet auf der emotionalen Ebene statt, sie ist nonverbal, eindeutig und immer ehrlich. Seine Zuwendung ist echt, kein „Job". Wenn er mit den Kindern spielen will, will er wirklich spielen, ohne Hintergedanken, dabei dies oder jenes zu üben (die hab ich). Wenn er mit alten Menschen kuschelt, dann weil er die Berührung genauso genießt wie sie und nicht weil er an sensorische Demenz-Interventionsverfahren denkt. Ich denke, diese Authentizität ist es, die, verbunden mit der ungeheuren Lebensfreude auf vier Beinen, Türen öffnet, motiviert, stärkt und glücklich macht – zusammen mit der lenkenden Hand eines Therapeuten können Hunde in der Therapie sehr viel bewirken, davon bin ich überzeugt.

Kollege Hund

„Farmville"-Erfinder Mark Pincus hat seine Firma nach seiner Bulldogge benannt: Zynga. Im Unternehmen Zynga kommen an einem normalen Tag 100 Angestellte mit ihrem Hund zur Arbeit. Auch Google gestattet Hunde in den Büros, wenn sie sich an die „dog policy" halten: freundliches Gemüt und nicht auf den Teppich machen. Im Verhaltenscodex von Google steht ausdrücklich: „We like cats, but we're a dog company!" Amazon ist offensichtlich ebenfalls eine „dog company" und ließ sogar Rufus, dem Corgi eines Chef-Strategen, die neuen Webseiten mit Pfotendruck launchen.

Die Wissenschaft ist sich einig: Ein im Büro anwesender Hund entspannt die Atmosphäre und wirkt auf die Menschen stressabbauend. Das Streicheln eines Hundes senkt den Blutdruck, hilft gegen Kopfschmerzen und beugt sogar Depressionen vor. Der in sich ruhende Hund zwingt die Kollegen aus ihrer Stresssituation auszubrechen und sich ähnlich einem Kind und im Gegensatz dazu wie sie es manchmal ihren Kollegen gegenüber tun würden, liebevoll und freundlich zu nähern. Diese Unterbrechung der Arbeitssituation kann z.B. in verfahrenen Problemstellungen zu einem Durchbruch führen, weil es zu einer neuen Betrachtung der Dinge kommt. Dieser Effekt wurde ebenfalls dem Rauchen zugeschrieben, jedoch war es nicht das Nikotin, das zu einer Leistungssteigerung führte, sondern die Raucherpause, in der sich mit etwas anderem als der Arbeitsaufgabe beschäftigt wurde. Die im Raum vorherrschenden Probleme und der Stress relativieren sich, wenn ein Hund im Büro absolute Entspannung vorlebt und so das Hineinsteigern in Probleme mindert.

Perfekte Voraussetzungen für ein Büro, denken sich deshalb viele Berufstätige und nehmen ihren Hund mit zur Arbeit. **Aber Vorsicht: Nicht jeder Hund ist büro-tauglich und jedes Büro hundetauglich!** Der Hund sollte kein Schutzhund sein und wie auch schon in der „dog policy" von Google beschrieben, unbedingt ein freundliches, ruhiges Gemüt besitzen. Zudem sollte der Hund nicht bei jeder Türöffnung anschlagen und sich in seinem Rückzugsort ruhig verhalten. Ein gepflegtes Äußeres und Gehorsam wird ebenso vorausgesetzt, wie das Alleinebleiben, wenn Herrchen oder Frauchen doch mal in ein Meeting muss, wo der Hund stören würde.

Aber auch das Büro und die Kollegen müssen zu einem Hund passen. Das Büro sollte nah eines Parks oder einer Auslauffläche gelegen sein und im Sommer klimatisierte Räume besitzen. Unter den Kollegen darf niemand mit Hundehaarallergie für diese Hunderasse und niemand mit Ängsten gegenüber Hunden sein. Eine Checkliste gibt es zum Download auf *www.hundeshauptstadt.de*.

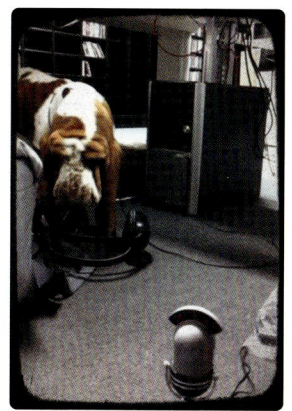

Sind diese Punkte erfüllt sind, stünde der Mitnahme des Hundes nichts mehr im Wege, wenn der Chef ausdrücklich zustimmt. Das Arbeitsrecht überlässt die Entscheidung komplett dem Arbeitgeber, der Tiere am Arbeitsplatz untersagen oder erlauben kann. Anfängliche Zweifel, gerade wenn ein Haustier das erste Mal in ein Büro gebracht wird, gilt es auszuräumen.

Der Deutsche Tierschutzbund organisiert seit 2007 einen bundesweiten Aktionstag „Kollege Hund" (*www.tierschutzbund.de/kollege-hund.html*), bei dem sich deutschlandweit mehr als 1.000 Firmen beteiligen. So könnte man seinen Chef möglicherweise bei einem Schnuppertag auf den Hund bringen.

Für alle Hundebesitzer, die von vornherein einen Job mit Hund suchen, gibt es sogar ein Jobportal (*www.jobs-mit-hund.com*), das hundefreundliche Arbeitgeber und Arbeitnehmer vermittelt.

Ein Vorzeigebeispiel für „Kollegin Hund" in Berlin sind Winnie und Toni, die beide in der PR Agentur Schröder + Schömbs PR arbeiten.

Wie wurde Toni Deine Kollegin?

Ich hatte schon länger den Wunsch nach einem Hund. Es sollte ein Basset sein, da ich diese Hunde einfach nur toll finde. Wichtig war mir, dass sie mit zur Arbeit darf. Ich würde es meinem Hund nie antun wollen, acht Stunden zuhause zu hocken. Also war meine Devise: Entweder mit zur Arbeit oder kein Hund. Unsere damalige Chefin ist, Gott sei Dank, eine große Hundefreundin. Ihre Hündin Emma ist damals quasi im Büro

73

groß geworden. Unsere Geschichte beginnt im Jahr 2011. Damals gab es zusätzlich zu Emma noch einen Hund: Mini. Zuckersüß, aber leider ein Kläffer mit Angst vor Männern. Deshalb war die Ansage aus dem Chefbüro: Zwei Hunde, mehr nicht. Das hieß für mich: kein Hund. Als ich 2011 aus dem Sommerurlaub zurückkam, war Emma zu Oma und Opa aufs Land in Rente geschickt worden – sie war alt, hatte keine Lust mehr auf Berlin und sollte ihre letzten Jahre im Grünen verleben.

Damals hatte ich schon angemeldet, ich würde gerne demnächst irgendwann, evtl. auch erst in 2012, einen Hund haben wollen. Das wurde dann „genehmigt" und plötzlich ging alles schneller als gedacht und aufgrund eines persönlichen Notfalls kam Toni mit 6 Monaten bereits am 04.12.2011 zu mir. Sie war fast stubenrein und besonders die damalige Chefin wollte, dass Toni ein „Agenturhund" wird und sich überall wohlfühlt. So wurden die 3-4 Pipiunfälle und zwei größere Unfälle mit Humor genommen und ich war mit Putzmittel schnell zur Stelle.

Wie gestaltet sich der Alltag?

Relativ entspannt. Wir fahren mit dem Auto oder der BVG zur Arbeit, gerne mit „etwas Umweg", damit Toni morgens genug Auslauf hat. Dann ab ins Büro, sie hat ihren Platz hinter meinem Schreibtisch. Dort schläft sie bis 12/13 Uhr, dann gehen wir eine schöne Runde toben im Weinbergspark, wo sich mittags viele arbeitende Hundebesitzer treffen. Danach wieder ins Büro, manchmal dreht Toni eine Runde durch die Büroetage, manchmal pennt sie auch weiter. Das Wort Feierabend kennt sie ganz gut, um 18 Uhr geht es dann ab nach Hause, im Sommer gerne direkt auf den Hundeplatz, damit sie noch mal toben kann.

Gab es eine besonders lustige Geschichte?

Toni hat beim Weihnachtswichteln einen quietschenden Tannenbaum von einer

Kollegin bekommen – der blieb im Büro. Wenn sie den im Maul hat und dabei rennt, macht es die ganze Zeit fiese Quietschgeräusche. Einmal pro Woche wenn mal wenig los ist oder wir „mal total verrückt" sind, kriegt sie das Ding und rennt damit dann wie von der Tarantel gestochen durch das Büro. Das Büro ist Quadratisch, mit einem Innenhof, so kann sie sehr gut im Kreis rennen. Das macht sie so 3-4 Runden und fällt erschöpft ins Körbchen.

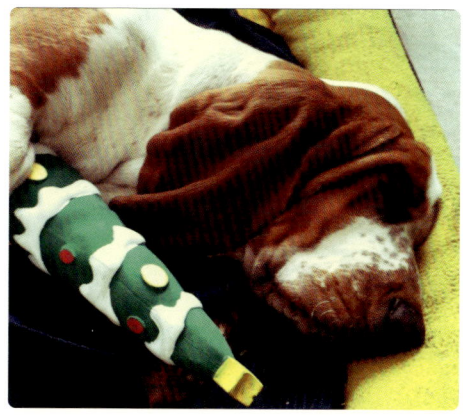

Gab es Probleme?

Bisher, Gott sei Dank, noch nicht. Sie ist ja jetzt bald zwei Jahre alt und stubenrein, also gab es keine Unfälle mehr. Einige Kollegen finden sie zwar putzig, aber wollen sie nicht streicheln, weil sie ab und zu sabbert. Das kann ich verstehen. Andere Kollegen freuen sich mehr, den Hund zu sehen, als mich.

Gibt es unter den Kollegen Allergiker oder ähnliches?

Nicht, dass ich wüsste. Es hat sich noch niemand beschwert.

Wie meinst Du, wirkt sich Tonis Anwesenheit auf die Stressbelastung der Kollegen aus?

Toni hat einen Ball und einen Stoffhasen im Büro. Damit legt sie sich gerne vor die Küche und die Kollegen werfen die Sachen gerne 1-2 Mal und freuen sich, wenn der Hund sich freut. Wenn Toni die Kolleginnen, die die Modekunden betreuen, besucht, wird manchmal ein spontanes Shooting mit Hüten oder Accessoires mit Toni gemacht. Die Kollegen mögen die kleinen Auszeiten mit Toni und man hört oft Sätze wie "Na Toni, Dich bringt wohl nichts aus der Ruhe." oder "Du lässt Dich einfach nicht stressen, was?".

Natural B.A.R.F.ood

Ernährungs-Special
Ein Artikel von Anne Sasson - Tierheilpraktikerin, Ernährungsberatung
www.berlin-tierhomoeopathie.de

Liebe geht bekanntlich durch den Magen und für unsere geliebten Vierbeiner wollen wir alle sicherlich nur das Beste.

Um etwas über eine artgerechte Ernährung zu erfahren, sollte man einen Blick auf die Herkunft des Hundes werfen. Dass er vom Wolf abstammt, ist unumstritten. Seine Domestikation liegt etwa 10.000 Jahre zurück, was im Sinne der Evolution eine recht kurze Zeitspanne ist. So sind viele physiologische Eigenschaften seiner wilden Vorfahren unberührt geblieben, insbesondere sein Verdauungstrakt.

Wie der Wolf ist der Hund vorrangig ein Fleischfresser, was allerdings nicht bedeutet, dass er sich nur aus Fleisch ernährt. Denn der Wolf frisst das erbeutete Tier fast vollständig, mit Haut und Knochen! So nimmt er nicht nur Eiweiß und Fett aus dem Fleisch zu sich, sondern weitere Stoffe wie beispielsweise Kalzium aus dem Skelett, Vitamine aus den Organen (Leber, Niere, Darm …) oder auch unverdauliche Komponenten (Ballaststoffe), die für seine Verdauung unerlässlich sind. Weil es der Natur des Hundes entspricht, haben sich viele Hundebesitzer dazu entschlossen, ihre Hunde zu „barfen". B.A.R.F. steht für Biologisch Artgerechtes Rohes Futter. Fleisch und Fisch werden in vielfältigen Variationen (Muskelfleisch, Herz, Pansen, Blättermagen, Leber, Schlund, Knochen, Hühnerhälse, ganze Fische …) zusammen mit püriertem Gemüse und Obst gefüttert. Getreide kann ebenfalls gegeben werden. Milchprodukte, Eier sowie hochwertige Öle und Fette stellen sinnvolle Ergänzungen dar.

Viele Hundehalter schreckt zum einen die Vorstellung ab, mit Frischfleisch und Innereien hantieren zu müssen, zum anderen hält sich das Vorurteil, dass barfen teurer und aufwendiger ist. In Berlin existieren inzwischen eine Vielzahl von BARF-Läden, die ihren Kunden anbieten, die Portionen individuell für den Hund mit allen Zutaten fertig abgepackt und meist eingefroren vorzubereiten, so dass der Aufwand beim Hundehalter gering ist. Die Kosten sind mit 60-80 Euro pro Monat je nach Größe des Hundes nicht viel höher als für gutes Trockenfutter mit Dosenfutter ergänzt.

Nach der Umstellung stellen viele Hundehalter fest, dass lästige Verdauungsprobleme wie Blähungen und Durchfall plötzlich verschwinden. Aufgrund der besseren Verdaulichkeit verringert sich auch die Kotmenge. Das Fell glänzt, der Zahnstein verschwindet und das Zahnfleisch wird wieder gesund. Auf längere Sicht wird das Immunsystem gestärkt, so dass es den meisten kursierenden Infektionen standhalten kann!

Last but not least: Der verantwortungsvolle Hundehalter wird sich Tag für Tag am Anblick seines glücklich fressenden Hundes aufs Neue erfreuen.

Alle Zutaten für ein ausgewogenes Hundefutter gibt es z. B. bei

Natural & B.A.R.F.ood - Biologisch Artgerechtes Futter, Berliner Straße, 10715 Berlin, Telefon: 030 - 91 51 51 87, *www.natural-barfood.de*

Mondioringgruppe Berlin

Mondioring
Interview mit Gabriele Arnold

Was ist Mondioring?
Mondioring ist ein Hunde(Ring)Sport und aus verschiedenen Schutzhunde-sportarten entstanden. Mondioring setzt sich aus den Wörtern "Mondio" [ital. Für Welt] und "Ring" [geschlossenes Terrain] zusammen. Es wird in drei Kategorien gearbeitet: Unterordnung, Sprünge und Schutzdienst. Viele ineinander fließend übergehende Situationen soll Hund und Hundeführer ein hohes Maß an Disziplin und Konzentration abverlangen, so dass eine gleichberechtigte, vertrauensvolle Partnerschaft zwischen Hund und Mensch entsteht.

Mondioringgruppe Berlin
Wir sind eine unabhängige, freie Hundesportgruppe, die ihren Vierbeinern alles anbietet, was dem Hund Spaß macht. Unsere Hunde sind zwei Hollandse Herder (Bruder und Schwester, Toyon und Xana), zwei Malinois (Kenia und Hero) und ein schwarzer Schäferhund Tyson.

Die Gruppe besteht aus einem kleinen Kern an Leuten, die seit Beginn der Gruppengründung dabei sind und sich für den Ringsport Mondioring begeistern. Unsere Hunde werden nur mit positiver Bestätigung trainiert. Wir trainieren auf verschiedenen Hundeplätzen.

Im Gegensatz zur weit verbreiteten IPO/VPG (blinder Gehorsam) ist im Mondioring das Team Hund/Hundeführer sehr wichtig. Den Hunden werden im Mondioring immer eine neue Situation und ein anderes Bild auf dem Trainingsgelände geboten. Diese Veränderungen stellen an das Team ein hohes Maß an Flexibilität und Anpassungsvermögen. Jedes Training wird anders gestaltet, so dass sich keine Abläufe wiederholen oder Routine entsteht. Um Mondioring ausüben zu können, benötigt man ein geschlossenes Terrain, diverse Gegenstände bzw. Materialien, mindestens einen Helfer/Figurant mit einem kompletten Schutzanzug sowie einen Ringrichter. Wir trainieren vorwiegend Zielobjektsuche (verschiedene Gegenstände suchen, finden und zurück bringen), Sprünge über verschiedene Hindernisse und Gehorsam.

Mondioringgruppe Berlin

Ein im Mondioring geführter Hund kann nicht im Aggressionsbereich trainiert werden. Mondioring-Hunde müssen ein hohes Maß an Kontrollierbarkeit, Flexibilität, Vielseitigkeit und Wesensfestigkeit, sowie ein gutes Sozialverhalten aufweisen.

Melanie Knies mit Hund

berlinmithund
the dog event agency

Berlin mit Hund
Interview mit Melanie Knies

Liebe Melanie, Du führst die »BerlinMitHund – the dog event agency«. Dabei bietest Du sowohl für Berliner als auch für Touristen ein besonderes Programm mit Hund an. Erzähle uns doch, wie alles begann.

Ende 2008 bin ich nach Berlin gekommen und wollte „eigentlich" nur einen Winter bleiben. Den Plan habe ich aber ohne diese Stadt gemacht, die mich, wie so viele andere vor mir, in ihren Bann gezogen hat. Nun bin ich immer noch da. Da ich über zehn Jahre im Tourismus gearbeitet habe und im Ausland unterwegs war, hatte ich Schwierigkeiten, mich hier in einem „9 to 5"-Bürojob wohl zu fühlen. Da kommt man auf so allerhand Ideen, wenn der Frustpegel im Büro steigt. Eine von diesen Ideen war „Berlin Mit Hund". Dabei konnte ich meine Erfahrungen aus dem Tourismus mit meinem Interesse an der Stadt und meiner Liebe zu Hunden verbinden. Perfekt. Die Grundidee war, den Berlinbesuchern zu zeigen, dass auch eine Metropole wie Berlin ein Mekka für Hunde sein kann. Aus diesem Grund habe ich mir für das Sightseeingprogramm Strecken ausgesucht, die zum einen das echte Berlin in den Kiezen zeigen und zum anderen auf breiten Wegen mit viel Grün stattfinden, so dass auch der Vierbeiner auf seine Kosten kommt. Das Brandenburger Tor findet der Tourist auch ohne mich, aber mit dem Hund in Kreuzberg abzutauchen, das trauen sich nicht viele und da stehe ich dann bereit.

Später kam dann der Wunsch dazu, auch den Berlinern etwas anzubieten und ich habe mich an die Ausarbeitung von Abenteuerspaziergängen gemacht. Nun gehe ich seit fast drei Jahren mit Hund und Halter auf »Schatzsuche« oder »Mörderjagd«. Das Konzept hinter den Touren ist, die Hauptstadthunde auszulasten. Auf die Vierbeiner warten verschiedene Aufgaben, die entweder Konzentration, Geschicklichkeit oder einfach nur Geduld erfordern. Hunde brauchen vor allem in der Stadt eine

Melanie Knies mit Hund © Foto Michael Wolff

Aufgabe, damit sie glücklich und ausgelastet sind. Und das biete ich mit meinen »Abenteuertouren«. Die Zweibeiner kommen dabei ins Gespräch, neue Bekanntschaften werden geschlossen und vor allem bekommen sie viele Ideen an die Hand, was sie mit ihrem Hund bei einem ganz normalen Spaziergang alles machen können.

Was treibt Dich an, Deine Kunden zusätzlich mit Lesefutter zu versorgen und was findet man in Deinem Blog und in Deinen geplanten Büchern?

Wenn ich mit meinen Hunden durch die Berliner Grünanlagen spaziere, passiert es mir wie jedem anderen Hundehalter auch, dass nicht jede Begegnung mit anderen Hunden friedlich oder gar harmonisch verläuft. Wobei seltener die Hunde das Problem sind als vielmehr die Besitzer. Eine nicht unbedenkliche Anzahl von Menschen hat einen Hund als Haustier, aber gar nicht so die Ahnung, was der Hund braucht, wie er erzogen sein sollte, was er darf und was er nicht darf. Oft komme ich wütend oder frustriert von solchen Spaziergängen nach Hause und schreibe mir den Frust in Geschichten von der Seele. Und da es doch vielen Hundebesitzern so geht, habe ich mich mit einem Freund zusammen entschlossen, daraus ein amüsantes Buch zu machen.

Die zweite Buchidee soll meine Sightseeingtouren sowohl für Berliner als auch Besucher zusammenfassen. Ich habe damit schon für die Zeitschrift City Dog angefangen und setze das nun im eigenen Werk fort. Ein Traum wäre es, dies dann auch für andere Städte zu machen.

Flirtfaktor Hund

Falsch

„Du bist ja auch eine Süße! Wie alt bist Du denn?" würde man wahrscheinlich nicht im Club als ersten Satz wählen und ist genauso wenig zu empfehlen wie über seinen Kumpel zu sagen „Der will nur spielen!" oder „Haben Sie vielleicht einen Kotbeutel für mich?". Auf dem Hundeplatz oder im Park sind genau diese Sätze die Eisbrecher. Die Hunde zwingen ihre Herrchen und Frauchen geradezu, sich miteinander zu unterhalten. Hinzu kommen das gemeinsame Interesse an Hunden und ein unbefangener erster Kontakt. Darüber hinaus verrät der Hund auch schon einiges über seinen Besitzer. Was auf der Hand liegt, ist sogar inzwischen wissenschaftlich bewiesen. 77 Prozent der Teilnehmer einer Umfrage bestätigten, dass ihr Hund die beste, natürlichste und fröhlichste Art ist, unbefangen miteinander ins Gespräch zu kommen.[1]

Die Möglichkeit, sich bei der nächsten Gassi-Runde wieder zu sehen und sich auf ein unverbindliches „Playdate" zu verabreden, besteht genauso, wie eine freundliche Abfuhr mit der Begründung, dass die Hunde sich doch nicht so gut verstanden haben.

Berlin als Hauptstadt der Singles und Hunde bietet viele Möglichkeiten gemeinsam mit seinem Hund einen Partner zu finden. Für alle, die dafür ein bisschen an die Hand bzw. Leine genommen werden möchten, hat Melanie Knies von »BerlinMitHund« das »Speed Dating für Hundefreunde« ins Leben gerufen und erzählt, wie es dazu kam: »Die Idee kam gar nicht von mir, sondern von meiner Freundin Anke Peters. Sie ist Tierfotografin und brauchte für ihre Diplomarbeit interessante Motive. Dabei kam sie auf die Idee mit dem Speed Dating für Hundefreunde, das unter ihrer Leitung einmal in Bielefeld stattgefunden hat. Als Anke nach Berlin gezogen ist, hat sie die Idee

1. http://www.partner-hund.de/info-rat/alltag-mit-hund/die-hund-mensch-beziehung/flirtfaktor-hund.html

mitgebracht und mit mir geteilt. Ihre Passion ist nicht die Organisation von Events, sondern das Fotografieren selbiger, bzw. der Teil-nehmer auf zwei Beinen und vier Pfoten. Nachdem das erste Speed Dating 2012 allen so viel Spaß gemacht hat und ich die Idee grandios finde, versuche ich ein Revival in diesem Jahr.«

Natürlich verabredet man sich heutzutage auch online zum Gassi gehen und die zahllosen Online-Singlebörsen haben längst darauf reagiert. www.DateMyDog.eu ist eine Partnerbörse für Hundeliebhaber, die ihr Hobby zukünftig gerne mit anderen Menschen teilen möchten. Es geht aber auch weniger eindeutig, z.B. mit www.Stadthunde.com. Das Portal verbindet Hundefreunde und Hunde miteinander und enthält neben zahlreichen Informationen auch die Optionen, „suche Partner" in seinem Profil zu aktivieren.

Wir möchten hier zwei Liebesgeschichten vorstellen, die noch ohne Hilfe des Internets und mit Hilfe der Hunde begannen.

Heidi erzählt uns ihre Liebesgeschichte mit Ulli:

Nach meiner Scheidung 1969 war ich mit 7 jähriger Tochter, und 3 jähriger Dogge allein. Im Sommer 1971 fiel mir gleich um's Eck bei uns ein Mann auf, der nur im Sommer auf seinem Grundstück war. Bei uns führen viele Wege in den Wald zum Spazierengehen, doch ich ging natürlich immer nur den einen Weg, nämlich am Grundstück des interessanten Mannes vorbei. Irgendwann wurde einander gegrüßt, ich erfuhr, dass sein Hund verstorben ist und Ulli streichelte das erste Mal meine Dogge.

83

Mit Schrecken sah ich eines Samstags, dass eine hübsche Frau und zwei Kinder auf dem Grundstück waren. Ulli kam auch nicht sofort raus, als ich mit meiner Dogge langsam vorbei lief, wie er es sonst tat. Naja, Mist, dumm gelaufen - verheiratet, dachte ich, und ging den ganzen September und Oktober einen anderen Weg mit meiner Dogge zum Wald.

Wenn Ulli zum Bus ging, musste er an meiner Straße vorbei, und am 31.10. 1971, dem letzten Tag, an dem er für das Jahr sein Wochenendgrundstück "dicht" machte, traf ich ihn genau an dieser Straßenecke. Ulli rief meine Dogge und beide freuten sich, dass sie einander wiedersahen. Ulli fragte mich, wo ich denn solange gewesen sei, und lud mich in unser Café im Ort ein. Dort erfuhr ich dann, dass die attraktive Dame seine Schwester und die beiden Kinder seine Nichten waren.

Fortan kam Ulli sonntags mit auf den Hundeübungsplatz und meine Dogge und meine Tochter mochten Ulli gut leiden. 1972 zog Ulli zu mir in mein Häuschen und nach 19 Jahren heirateten wir 1990. Es hat sicher die gemeinsame Liebe zu unseren Hunden dazu beigetragen, dass wir jetzt fast 42 Jahre miteinander leben.

Sonja erzählt uns ihre Liebesgeschichte mit Manfred:

Wir haben uns beide im Mai 1999 beim VSB Lankwitz (Verein für Schutz- und Begleithundesport e.V.) auf dem Hundeplatz kennengelernt. Dort trainierten wir in unterschiedlichen Gruppen „Agility" mit unseren Hunden. Agility ist eine Hundesportart, die ursprünglich aus England stammt. Kernstück ist die fehlerfreie Bewältigung einer Hindernisstrecke, bzw. eines Parcours in einer vorgegebenen Zeit. Wir sind uns, trotzdem wir ja ewig nebeneinander hertrainierten, uns nie gegenseitig aufgefallen, bis Gino (Schnauzer-Mix von Sonja) eines Tages quer über den Platz schoss, um sich von Manfred den Ball werfen zu lassen.

Gino war eigentlich ein Hund, der fremden gegenüber eher Misstrauisch war… umso erstaunlicher war ich über Ginos Aktion und das Vertrauen zu Manfred. Es kam eins zum anderen und ab dem 13. Mai 1999 waren Manfred mit Santos (Belgischer Schäferhund Mix), Sonja und Gino ein Quartett.

Am 08. September 2010 haben wir geheiratet. Unsere Hunde waren zu diesem Zeitpunkt schon längst über die Regenbogenbrücke gegangen. Doch seit Juni 2011 haben wir eine gemeinsame Hündin mit dem Namen Blue. Sie ist ein wunderschöner Border Collie.

Berliner Schnauze

Die Liebe des Berliners zu seinem Hund findet sich in der bekannt derben aber auch herzlichen Berliner Schnauze und somit in vielen Berliner Redensarten und Sprüchen wieder.

Die Fußhupe oder ein Kläffer ist ein kleiner Hund, ein großer meist eine Töle oder ein Köter. Beispielsweise sagt der Berliner zu unglaublichen, unangenehmen oder auch schwierigen Dingen: "Det is 'n dicka Hund!" oder wenn er erstaunt oder verärgert über etwas ist: "Da wird der Hund in de Fanne varückt!" oder auch "Dit is zum Junge-Hunde-Kriejen!".
"Da liegt der Hund begraben!" verwendet der Berliner bei einer schwierigen oder unlösbaren Aufgabe und "Dit jönn ick keenem Hund!" als Ausdruck des Mitleids. Weiterhin gibt es z.B. Hundewetter, Hundekälte, Hundeleben für eher unschöne Dinge, aber auch "Der is bekannt wie 'n bunter Hund." für auffallende Mitmenschen.

Mögen Sie die Berliner Schnauze, den Berliner Dialekt? Dietmar Einenkel widmet sich der Erhaltung des Berliner Dialektes und betreibt das Internetportal Spreetaufe.de - Hier sind z.B. ein immer aktuelles Berlinisches Wörterbuch mit den tatsächlich verwendeten Berliner Ausdrücken und Redewendungen sowie auch alte Texte aus dem Berliner Leben zu finden. Auch können Sie sich zu einem waschechten Berliner taufen, der ist schließlich "mit Spreewasser getauft". Entstanden ist der übertragene Sinn für den Berliner übrigens, weil bis zum Anfang des letzten Jahrhunderts in manchen Kirchen Berlins tatsächlich mit echtem Spreewasser getauft wurde.

Noch 1892 nannte man seinen Hund Joli, Petit und Ami. Vielleicht ist das eine Anregung für die Namensgebung für Ihren Kleinen. Alles kommt wieder. Und dit is Knorke!

www.spreetaufe.de

Dein Haustier als Cartoonfigur!

Du erhältst ein einzigartiges Cartoon-Portrait,
eine individuelle Szene oder einen
kleinen Cartoon von Deinem Liebling...
Ideal auch als Geschenk!

AB 49€

Mehr Infos findest Du unter:
www.toonyourpet.de

Ein Service von www.daniel-saenger.de

Sonja Merla mit Hunden

Private Tierschützer

"Alter Hund - na und?" ist eine private Tierschutzinitiative in Berlin, die sich seit vielen Jahren ehrenamtlich für alte Tierschutzhunde engagiert. Frau Merla, sie sind seit Jahren im privaten Tierschutz aktiv, erklären Sie uns Ihre persönliche Motivation.

Meine persönliche Motivation ist meine große Tierliebe, die sich schon in meiner Kindheit zeigte. Meine Eltern waren sicherlich so manches Mal verzweifelt, als ich wieder einen verletzten Vogel zum aufpäppeln nach Hause brachte. Meine eigenen Tiere stammten überwiegend aus dem Tierschutz. Als meine Zeit es familiär-beruflich zuließ, wurde ich mit Unterstützung meiner Familie Pflegestelle für verschiedene Tierschutzvereine und sammelte während dieser Zeit u.a. wertvolle Erfahrungen im Auslandstierschutz. Die Liebe zu alten Hunden hat sich dabei entwickelt und der Gedanke an ein eigenes Tierschutzprojekt, das sich für alte Hunde einsetzt, wurde geboren. Im Sommer 2004 gründeten wir unsere private Tierschutzinitiative „Alter Hund – na und?".

Sie arbeiten mit den öffentlichen Tierschutzinstitutionen zusammen, betreiben darüber hinaus jedoch ein privates Netzwerk an ehrenamtlichen Tierschützern. Wie sieht dieses Netzwerk aus und wer engagiert sich hier?

Das private Netzwerk hat sich im Laufe vieler Jahre entwickelt. Tierfreunde mit ganz

AlterHundNaUnd

unterschiedlichen Fähigkeiten, speziellem Fachwissen und ehrenamtliche Tierschützer unterstützen sich mit regionalen und überregionalen Informationen und Hilfen. Das geht vom Notfall-Pflegeplatz über die Mithilfe bei der Suche nach entlaufenen Tieren, Vor- und Nachkontrollen über Sachspenden-Sammlungen u.v.m..

Was für Aktionen betreiben Sie genau?

„Alter Hund - na und?" ist kein Tierheim. Da wir uns neben Familien- und Berufsleben und natürlich eigenen Tieren ehrenamtlich in unserer Freizeit engagieren, ist unsere tägliche Zeit natürlich begrenzt. Ganz häufig kommen Anrufe von Hundehaltern, deren berufliche Situation sich geändert hat und die ihren alten Hund aus Zeitmangel abgeben müssen. Oder von Angehörigen, die z.B. für den alten Hund der Oma/Tante ein neues Zuhause suchen und Informationen suchen. Wir informieren über Möglichkeiten wie Dogsitter- und Hundeausführ-Services oder Tagesbetreuung oder geben Adressen des örtlichen Tierschutzes, falls die Abgabe die einzige Lösung darstellt. Die meiste Zeit wird für die Beantwortung von Telefonanrufen mit ganz unterschiedlichen Fragen seitens Hundehaltern, vielen E-Mails und der Homepage-Bearbeitung gefüllt. Hinzu kommen Anfragen für Notfälle, regional und überregional, Vor- und Nachkontrollen. Dann beteiligen wir uns an aktuellen Tierschutzaktionen, Petitionen und auch Demonstrationen.

Kontakt: Sonja Merla, *www.alterhundnaund.de*

Altenheim für Tiere

Altenheim für Tiere e.V. / Vogelgnadenhof

Wer kümmert sich um den treuesten Gefährten, wenn das Herrchen/Frauchen als erster über die Regenbogenbrücke geht? Dirk und Hartmut haben sich mit ihrem „Altenheim für Tiere" zur Aufgabe gemacht, sich genau um diese Tiere zu kümmern.

»Die alten Knochen knacken, ...das Herz macht Probleme, ...
sie pullern in die Ecken, ...sind blind, ...taub, ...verstehn die Welt nicht mehr.
Mit viel Herz kümmern wir uns, das ist unser Auftrag!«

Früh morgens beginnt Dirks „normaler" Tag. Er lässt die Hunde in den Hof, macht Klarschiff und wischt die Hinterlassenschaften der Nacht weg. Dann stößt Hartmut dazu, der sich um das Katzenhaus kümmert. Insgesamt wohnen 180 Vögel, 21 Hunde und 17 Katzen auf dem »Vogelgnadenhof« bzw. im »Altenheim für Tiere«. Jedes Tier hat hier eine eigene Geschichte und die wohlverdienten Macken des Rentenalters. Meist etwas gebrechlich, aber charakterstark fallen sie durch das Raster der vermittelbaren Tiere. Dabei waren sie meist für ihre Herrchen/Frauchen der Lebensmittelpunkt, bis einer von ihnen ging. „Wir sind ein Vogelgnadenhof und ein Altenheim oder Seniorenstift für Hunde und Katzen, denn sie leben mit uns und dürfen sich im Haus frei bewegen." sagt Dirk Bufé. Die Katzen haben ein eigenes Katzenhaus, wo je nach Sympathie pro Appartement mit einem Innenraum und einer Voliere mehrere Katzen zusammen wohnen.
Die Hunde dürfen sich im Hof und Haus frei bewegen und wuseln überall herum.

91

Dirk und Hartmut mit den Hunden

Von der winzigen Yorkidame Mausi bis zur 75kg-Dogge Eddie leben hier alle zufrieden und behütet zusammen. „Wir bekommen 15-20 Anfragen pro Woche, doch können wir nur noch Tiere von Vereinsmitgliedern aufnehmen." erzählt Hartmut. Der Verein „Altenheim für Tiere e.V." zählt 342 Mitglieder, die je nach Finanzkraft ihrem Mitgliedsbeitrag verrichten und damit die Kosten für Medikamente, Futter und Unterkunft garantieren.

An Werktagen kommen nachmittags ehrenamtliche Vereinsmitglieder, die Dirk und Hartmut bei der Versorgung der Tiere unterstützen. Sowohl Dirk als auch Hartmut arbeiten beide als Postzusteller und nehmen kein Geld für ihre Arbeit im Altenheim. 100 Prozent der Spenden und Vereinsbeiträge kommen den Tieren zu Gute.
Es gibt viele Möglichkeiten dieses Projekt zu unterstützen. Ein sehr schönes Beispiel ist der elfjährige Lee, der als Schuljahresabschlussprojekt Spenden für die 16 Jahre alte Blacky sammelt.

Alle Informationen zum Altenheim für Tier e.V. unter: *www.altenheimfürtiere.de*

Wir unterstützen das »Altenheim für Tiere« mit einem Euro pro direkt beim Smiling Berlin Verlag gekauften Buch »Hundeshauptstadt Berlin«.

Gabriele Hoffmann und Findling Udo

Gabriele Hoffmann ist die bekannteste Wahrsagerin im deutschen Sprachraum. "Ihrer Zukunft alles Gute", - der freundliche Wunsch für ihre Klienten ist zugleich Motto ihrer Profession. Seit mehr als dreißig Jahren suchen Menschen aller Schichten Rat und Weisung in ihrer Praxis an der Berliner Uhlandstraße. Über ihre Arbeit hat sie zwei Bücher veröffentlicht. Sie hält regelmäßig Vorträge.

Die waschechte Berlinerin ist voller Lebenslust, Mutterwitz und Optimismus und jeder, der ihr begegnet, ist fasziniert von ihrer offenen, ehrlichen und noblen Art. Frau Hoffmann ist ein großer Hundefan. Auf Ihrer Homepage ist eine extra Unterseite „Mein Udo und ich" ihrem Hund gewidmet, der seit März 2007 ihren Alltag teilt. Starfriseur Udo Walz ist Patenonkel und vermittelte ihr den braunen, damals noch namenlosen Welpen. Udo hing, so sagte man ihnen, mit seinem Bruder in einer Tüte am Zaun in der Nähe von Magdeburg. "Nun musst Du ihn aber auch 'Udo' nennen", sagte Udo Walz. Und so geschah's!

„Udo bestimmt nun weitgehend meinen Tagesrhythmus. Dazu gehört die Fahrt ins Grüne am Nachmittag. Bei der kleinen Gassirunde in der Stadt, ist der ballbegeisterte Udo die Freude vieler Touristen. Sechs Jahre ist mein Udo nun schon alt und ein pfeilschneller, gewandter, kräftiger Hund geworden mit einem zauberhaften Wesen. Ich bin mächtig stolz auf ihn! Das Tierheim kann ich aus ganzem Herzen empfehlen! Außerdem wird man dort auch noch richtig gut beraten. Wenn z.B. Menschen einen alten Hund annehmen, zahlt das Tierheim vor Ort auch in Zukunft die Behandlungskosten. Manche Menschen sind selber alt und wollen keinen jungen Hund mehr, aus Angst, dass dieser sie überlebt - auch da ist das Tierheim bei der Vermittlung eines älteren Hundes gut!" sagt Gabriele Hoffmann.

Ihrer Zukunft alles Gute - *www.gabriele-hoffmann.de*

Ein Himmel für Tiere

Der Tierhimmel
Interview mit Ralf Hendrichs

So sehr wir unsere Schützlinge auch zu Lebzeiten verwöhnen und uns an ihnen erfreuen, wäre dieses Buch nicht ganzheitlich, wenn es nicht auch das Ende eines Hundelebens thematisieren würde. Ein Thema, das man als Hundebesitzer gerne verdrängt, doch muss dies nicht immer schmerzhaft, sondern kann durchaus friedvoll und beruhigend sein. Herr Hendrichs ist Leiter des Tierhimmels, einem Tierbestattungszentrum in Berlin. **Herr Hendrichs, seit wie viel Jahren gibt es den Tierhimmel bereits und was haben Sie sich als Aufgabe gesetzt?**

Seit 2003 gibt es den Tierhimmel. Angrenzend an Berlin-Zehlendorf liegt das parkähnliche Gelände an den Hollandwiesen von Teltow. Die Erweiterung mit eigenem Tierkrematorium erfolgte im Juli 2012. Hierdurch entstand Deutschlands einziges Tierbestattungszentrum.

Der Tierbesitzer kann selbst bestimmen, ob sein Tier als Körperbestattung auf dem Tierfriedhof oder als Feuerbestattung im Tierbestattungszentrum die letzte Ruhe findet. In beiden Fällen kann der Tierbesitzer bei der Bestattung persönlich anwesend sein. Und hat hierdurch die 100% Sicherheit, dass sein Tier beigesetzt oder feuerbestattet wird. Anders als bei der Humanbestattung darf die Tierasche mit nach Hause genommen werden. Eine große Auswahl an Urnen oder Medaillons, in die ein Teil der Asche eingefüllt werden kann, stehen zur Auswahl. Doch viel wichtiger ist es, dass die Trauer des Tierbesitzers ernst genommen wird und man sich in unserem Gesprächskreis mit anderen Betroffenen austauschen kann.

Wer sind ihre Kunden? Gibt es eine bestimmte Geschichte, die Sie uns erzählen möchten?

Es klingelt das Telefon...........″ Papa ist gestorben″. Aufgeregt und traurig hörte sich die Stimme eines jungen Mannes an. „Wir sind ein Tierfriedhof" hörte ich mich vorsichtig sagen. „Ja, ich weiß" sagte der junge Mann, „darum wollen wir auch zu Ihnen". Eine knappe Stunde später kam ein Auto auf unser Gelände. Der junge Mann, seine Schwester und die Mutter kamen auf uns zu. Vorsichtig trug er Papa auf dem Arm. Für Papa sollte es das schönste Grab werden. Nun ruht Papa auf unserem Tierfriedhof. Ach ja, Papa war ein Goldhamster, ein Vaterersatz für die ganze Familie.

Beisetzung

Neben dem Krematorium gibt es ein Tierfriedhof. Was kosten ungefähr eine Einkremierung für ein mittleres Haustier (20-30kg) und ein Urnengrab inkl. Bestattungskosten?

Die Kosten für ein Einzelgrab/Erdbestattung auf unserem Tierfriedhof richten sich nach der Tiergröße und liegen zwischen 50 und 500,- EUR. inkl. aller Leistungen wie Abholung, Aufbahrung, Beisetzung und zweijähriger Liegezeit. Die Kosten für eine Feuerbestattung/Einzelkremierung bei einem Haustier von 20-30 kg liegen bei 260,- EUR.

Tierfriedhof

Der Tierfriedhof ist wie ein Park angelegt. Dürfen Haustiere mit auf den Tierfriedhof mitgenommen werden?

Unser Gelände steht allen Besuchern offen und wird gerne auch als soziale Begegnungsstätte genutzt. Selbstverständlich können die Besucher ihre lebenden Hunde mit zum Besuch der Gräber bringen. Es haben sich schon Gassi-Gemeinschaften gebildet.

Was geben Sie den Hundehaltern in Berlin mit auf den Weg?

Wir empfehlen den Tierbesitzern sich schon zu Lebzeiten des Tieres zu informieren, damit Sie im Fall des Falles nicht durch die Situation überfordert sind und die Trauer es Ihnen unmöglich macht die verschiedenen Möglichkeiten der Tierbestattung genauer zu hinterfragen.

Nachgefragt!

Viele in Berlin lebende Migranten lassen eine starke Angst und Abneigung gegenüber Hunden verspüren. Teilweise werden die Kinder hektisch auf den Arm genommen und die Straßenseite gewechselt. Um zum gegenseitigen Verständnis beizutragen, haben wir Fadi Saad, den Leiter des Quartiersmanagement Moabit-Ost und Autor des Buches „Der große Bruder von Neukölln" und „Kampfzone Straße" gefragt, worin die Ursachen dafür liegen.

Woher kommt die Angst vor Hunden?
Wie in vielen anderen Dingen prallen hier Erziehung, anerzogene Werte und eine gesamte Kultur aufeinander. Hunde werden gerade um die Mundpartie als „unrein" bezeichnet. Einem gläubigen Moslem wäre nach einer Berührung mit einem Hund und sei es nur die kurze Berührung an der Kleidung, nicht mehr erlaubt, in dieser Kleidung und ohne seine Sachen vorher zu waschen, zu beten. So ist es nicht erlaubt, bei sich im Haushalt Hunde leben zu lassen. Ausschließlich Nutztiere und Wach-Schutz- und Jagdhunde, die dann allerdings nicht mit den Menschen zusammen leben, sind zugelassen.

Ist die Angst bei den in Deutschland lebenden Migranten besonders verbreitet?

Die Migranten, die damals meist aus ländlichen Gegenden der Türkei nach Deutschland als Gastarbeiter kamen, sind genauso unterschiedlich gläubig, wie die Bevölkerung in der Türkei. Dort gibt es auch einen großen Unterschied zwischen Stadt- und Landbevölkerung. Natürlich verbindet sich eine kleine Ethnie in der Fremde miteinander. Das ist bei den deutschen Urlaubern nicht anders. Man spricht die gleiche Sprache und hat die gleiche Kultur. Der gemeinsame Glaube gibt Halt. Doch hat die Intensität des Glaubens nichts mit der Integration zu tun. Meine Eltern z.B. sind komplett integriert, sprechen fließend Deutsch und meine Mutter trägt auch ein Kopftuch und ist streng gläubig. Das darf man nicht verwechseln.

In der Türkei ist die Hundehaltung als Schoßhund ebenfalls nicht üblich. Ein Mensch, der mit seinem Hund Gassi geht, wird in der Türkei verwirrt angeschaut. Weil es einfach nicht üblich ist und etwas Besonderes. Zudem besteht dort ein großes Straßenhundeproblem. Diese Hunde sind teils aggressiv und bissig. So dass dort die Kinder früh lernen, sich von den Hunden fern zu halten. Auch von Wach- und Schutzhunden, die teilweise reiche Menschen halten, um ihr Anwesen zu schützen, sollte man sich in Acht nehmen.

Wieso haben denn einige Migranten Hunde? Meist Kampfhunde.

Es gibt gerade in Deutschland viele Migranten, die es mit dem Glauben nicht mehr so eng sehen und auch hier mit der Hundehaltung aufgewachsen sind. 75 Prozent der Jugendlichen leben nicht mehr streng gläubig. Wenn sie es mit sich vereinbaren können, dann werden auch Schoßhunde in der Wohnung gehalten.

Leider sind die auffälligsten Hundehalter jedoch diejenigen, die meist schlimmer und aggressiver aussehen, als ihre Kampfhunde. Diese Leute halten ihre Hunde nicht als Menschenfreund, sondern als Waffe. Erfreulicherweise ist dies in den letzten Jahren aus der Mode gekommen.

Was empfiehlst Du Hundehaltern?

Egal ob Migrant oder nicht, jeder Mensch, der dir auf der Straße entgegen kommt, kann, aus welchen Gründen auch immer, Angst vor deinem Hund haben und hat auch das Recht dazu. Meist kennen diejenigen gar keinen Hundekontakt, sondern haben nur davon erzählt bekommen oder sogar ein schlechtes Erlebnis gehabt. Deswegen reicht es, wenn der Hund ohne Leine dem Gegenüber zu nahe kommt, um Panik auszulösen. Vielleicht ist es mit der weiter verbreiteten Angst gegenüber Spinnen zu verdeutlichen. Menschen haben vor Spinnen Angst, obwohl sie nicht beißen können, lösen Sie eine Panik aus. Oder Mäuse! Diese Angst empfinden viele gegenüber Hunden. Auch wenn der Halter sagt: „Der will nur spielen!". Zudem kommt noch dieser Horrorsatz: „Ein Hund kann Deine Angst riechen." hinzu.
So dass man ständig überlegt, was der Hund wohl gerade wittert, während man die Straßenseite wechselt.

Wenn man sich bewusst macht, dass es Menschen gibt, die vor Hunden aus den verschiedensten Gründen Angst haben, dies aber nicht, weil sie den Hundehalter oder Hund damit ärgern wollen, sondern weil es einfach so ist, dann ist gegenseitige Rücksichtnahme das beste Mittel.

Wie ich Hundepapa von Prinz Ludwig wurde…

Ich komme aus einer Familie, die sehr hundefreundlich war, doch sich meist aufgrund der vielen Urlaube nie dazu durchgerungen hat, einen Hund anzuschaffen. Unsere Nachbarn hatten einen Hund namens Bello, einen Labrador, der mein erster Kontakt zu Hunden war.

Als mein Freund und ich vor zwei Jahren in die gemeinsame Wohnung zogen, wollte er unbedingt wieder einen Hund und fragte gleich bei der Mietvertragsunterzeichnung den Vermieter nach der Erlaubnis. Ich hatte ein wenig Angst vor dem Tag, an dem ein Hund unser Leben durcheinander wirbeln sollte. Noch relativ frisch selbstständig hatte ich gerade mein Arbeitspensum auf 40 Stunden runtergefahren, damit ich mit meinem Partner die freigewordene Zeit verbringen konnte und nun sollte noch ein zeitfressender Hund hinzukommen? Ein Kollege, ein Katzen-Typ, verunsicherte mich zudem eines Tages beim Mittagessen mit dem Satz: „Hunde sind mir zu treu-doof, die machen ja alles mit, solange man sie füttert. Katzen sind da kritischer." Ich wollte auf keinen Fall einen treu-doofen Ja-Sager Hund, doch ich wollte auch keine Katze. Das verunsicherte mich eine ganze Zeit, doch ahnte ich zu diesem Zeitpunkt nicht, dass der Kollege von Hunden so gar keine Ahnung hatte. Der Name unseres Hundes war schon seit Monaten klar, seitdem wir einen ungezogenen kleinen Mischling namens „Ludwig" getroffen hatten, dessen Herrchen ständig „Ludwig, nein, Ludwig, NEIN!" riefen und Ludwig sich nicht darum scherte. Diese Worte gehören nun auch zu unseren täglichen Ausrufen…

vielleicht liegt es doch am Namen?

Mein Freund wollte schon lange einen Basset Hound. Nachdem ich die Charakterzüge der Rasse studiert hatte, war ich damit einverstanden, weil sie gut zu uns passten. „Meistens langsam und bedächtig ist der Basset nicht geeignet für den hyperaktiven Halter." Wir beide selbst keine schlanken, hyperaktiven „Windhund"-Typen würden mit Ludwig also eine gemütliche, glückliche Familie bilden.

Als wir von der Züchterin die ersten Bilder erhielten, fand ich den kleinen süß, mehr aber auch nicht. Ohne zu viel vorweg zu nehmen, geht mir heute, wenn ich die gleichen Bilder betrachte, das Herz auf. Wir fuhren sechs Stunden durch die Republik, um Ludwig abzuholen und wurden von einem aufgeweckten kleinen Welpen begrüßt. Wahrscheinlich war ich aufgeregter als Ludwig, als wir uns das erste Mal begegneten. Die Sorgen vor der Ungewissheit, wie ein Leben mit Hund werden würde, bremsten mich noch ein wenig.

Einen Welpen zu bekommen, kann man durchaus mit einem Kind vergleichen. Auch wenn viele bei diesem Vergleich aufschreien, gibt es viele Parallelen. Die Wohnung muss welpensicher gemacht werden und das riesige Starterpaket für Welpen wird stolz erstanden. Es folgen schlaflose Nächte, weil alle zwei Stunden der Hund sich meldet und raus muss. Das Ausgehverhalten ändert sich, alle Gutscheine für Essen, Kino oder Wellness verfallen. Das Leben dreht sich nur noch um den kleinen Hund. Ich hatte mir „Elternteilzeit" genommen, als Selbstständiger bedeutet das: Weniger Aufträge annehmen und weniger Geld verdienen. Da mein Freund sich ebenfalls gerade selbstständig gemacht hatte, konnte ich ihn damit entlasten. Ludwig musste zwar vom ersten Tag an mit in den Salon meines Freundes zur Arbeit, aber zum Gassi gehen war ich schnell zur Stelle, weil sich unsere Wohnung und der Salon in einem Haus befinden. Anfangs war es für mich unvorstellbar und Ekel erregend, die Hundewurst anzufassen, um sie dann mit einer dünnen, kleinen Tüte zu entsorgen. Ich kaufte mir im Internet eine Aufsammelvorrichtung, eine „Kackkralle", um das direkte Anfassen zu umgehen. Bis auf einen Testlauf mit einer Grillwurst habe ich sie nie wieder benutzt. Was anfangs ein wenig Überwindung kostete, ist jetzt durch Technik und Routine selbstverständlich geworden.

Die Dinge, die bisher bei jungen Eltern im Freundeskreis befremdlich wirkten, waren nun vollkommen nachvollziehbar. Es gab nur noch ein Gesprächsthema „den Hund" oder etwas erweitert: Welpengruppen, Welpenernährung und Hundeerziehung. Ohne Rücksicht auf Verluste im direkten Umfeld fragte man sich gegenseitig, ob der Hund gemacht hat und wie die Konsistenz war. Genau das hatte man vorher noch den jungen Eltern angekreidet! Der Stolz jeder Mutter auf ihr Kind kann schnell in Prahlerei und in den Konkurrenzkampf unter Müttern ausarten. „Ein Jahr schon? Ist aber noch klein ..." – "Finden Sie? Aber dafür spricht er schon so gut. Ihrer nicht? Naja, das muss ja noch kein Grund zur Sorge sein ..." In abgeschwächter Form gibt es das auch bei Hundehaltern. In der Welpenschule behaupteten alle, dass ihr Welpe schon stubenrein sei und nachts gut durchschläft. Wenn man jedoch nachhakte, war es bei keinem so: „Naja manchmal pieselt er noch in die Wohnung, aber nur, wenn er sich freut." Der eigene Hund ist natürlich der klügste, normal entwickelt und übertrumpft sowieso alle anderen Hunde. Gott sei Dank ist der Leistungsdruck bei Hunden nicht so groß und sie müssen sich nicht ihr Leben lang mit anderen Hunden messen. Der Familienzuwachs krempelt das Leben in jeder Beziehung ordentlich um. Der Begriff „Anstands-Wau-Wau" bekommt eine ganz andere Bedeutung, wenn nun ein Welpe mit im Schlafzimmer schläft und sich auf dem Sofa am liebsten genau zwischen seine beiden Herrchen drängelt.

Ja, der Hund darf bei uns auf das Sofa. Für mich war von Anfang an klar: „Der Hund darf auf das Sofa, aber niemals ins Bett." Alle unsere befreundeten Hundeeltern (da geht es schon los… man hat befreundete Hundeeltern!) sagten uns: „Das haben wir am Anfang auch gesagt und haben es im Nachhinein bereut, ihn nicht schon als Welpen ins Bett gelassen zu haben." Mein Gott und so war es dann auch irgendwann bei uns. Es ist einfach zu verlockend, wenn der kleine Ludwig ankommt und kuscheln will. Damals war er auch noch klein und man hatte trotzdem genug Platz im Bett. Inzwischen mit knapp 30 Kilogramm ist es deutlich enger geworden und ein paar Hundehaare finden sich im Bett auch. Als Student hatte ich bei einer Tupperparty ein Hundehaar in einer Tupperschüssel der Verkäuferin gefunden und empfand dies damals als absolut Ekel erregend. Als Hundehalter würde ich heute nur lachen, das Hundehaar mit dem Finger weg schnippen und wissen, dass das Haar zu einem

101

geliebten Hund gehört. Hundehaare relativieren sich mit der Liebe zum Hund. Sie gehören dazu und man schafft es nicht, sie komplett zu beseitigen.

Ich hatte als Kind nur Fische und Wüstenrennmäuse als Haustiere. Umso mehr finde ich es an einem Hund faszinierend, wie ein selbständiges, denkendes Lebewesen im Haushalt wohnt und uns seine Streiche spielt. Ludwig hat ein sehr ausgeprägtes Eigenleben und einen sehr großen Dickkopf. Er liebt es, Zeitungen und Küchenrollen zu zerfetzen und die Palmenblätter abzuzupfen. Das haben wir aber inzwischen „überwiegend" unter Kontrolle. Schuhe hat er bisher verschont, wahrscheinlich weil wir ein Schuhsprühdeo benutzen, dass er überhaupt nicht mag. Die einzigen Schuhe, die er jemals angekaut hat, waren diejenigen, die wir nicht mit Schuhdeo markiert hatten. Ein junger Hund erzieht sein Herrchen zudem zur Ordnung und dazu, seine Sachen immer sofort wegzuräumen und nicht irgendwo liegen zu lassen. Vergisst man es, turnt er solange herum, bis er es schafft, den Teller abzulecken, den Stift zu zerkauen, die Wäscheklammer zu fressen oder den Brief zu zerfetzen.

Einen selbstständig agierenden Hund ins Leben zu lassen, forderte von mir einige Selbstbeherrschung. Ich plane und optimiere mein Handeln gerne. Das gilt beruflich wie privat. Ich versuche stets durch gründliche Planung alle Eventualitäten einzubeziehen und den Zufall möglichst auszuschließen. Das wird im Alter bestimmt einmal eine Macke. Es wurde auch immer schlimmer, doch dann kam Ludwig als nicht vorhersehbarer Störfaktor in mein Leben. Anfangs machte er mich wahnsinnig und ich versuchte ihn irgendwie mit einzuberechnen, aber es geht einfach nicht. Er zwang mich, alles stehen und liegen zu lassen und mit ihm eine Stunde durch die Straßen zu laufen. Das hatte letztendlich eine sehr positive Wirkung. Ich entkrampfte und sah einiges nicht mehr so verbissen. Man war an der frischen Luft, sammelte Kraft und erfreute sich an dem kleinen Ludwig, wie er die Welt entdeckte. Noch heute nerven mich seine Unterbrechungen, doch genieße ich im Gegenzug die Entschleunigung, die in unserer Zeit so wichtig ist, weil alles um einen herum immer nur „schneller, schneller, schneller" schreit.

Meine Wahrnehmung auf der Straße änderte sich ebenfalls. Früher war es der notwendige Weg von A nach B, flüchtig wahrgenommen und durchgehastet. Früher habe ich maximal Scherben, Müll oder andere Hindernisse wahrgenommen. Nun galt es, den Fußweg schneller nach Gefahrenquellen oder Essensresten zu scannen als es Ludwig tat. Ich verfluchte nun auch diejenigen, die Essensreste auf die Straße schmissen, weil mein Hund sofort und noch Tage später dorthin zog. Nach acht Jahren in Berlin nutzte ich die Parks in der Umgebung, sogar täglich. Ich beschäftigte mich mit Grünanlagen in Berlin und war das erste Mal

im Grunewald. „Alles, was dem Hund Spaß macht" war jetzt das Motto der Wochenendausflüge. Dabei versetzte ich mich oftmals in die Perspektive des Hundes. Was sieht er eigentlich und wie nimmt er den Ausflug wahr. Diesem Perspektivenwechsel habe ich ein Kapitel in diesem Buch gewidmet und Berlin sowohl aus Menschen-, als auch aus Hundesicht fotografiert.

Der jährlich stattfindende Hundetag im Tierpark Berlin bescherte uns eine sehr schöne Freundschaft mit einem anderen Hundeelternpaar. Die Hunde verstanden sich sofort super und wir Menschen ebenso. Inzwischen sind wir gut befreundet und fahren sogar gemeinsam mit den Hunden in den Urlaub. Toni, die Basset-Dame, ist Ludwigs beste Freundin geworden. Insgesamt habe ich als Hundehalter sehr viele neue Bekannte gewonnen und sehr viel positive Begegnungen erleben dürfen. Dazu kommen die vielen Hundehalter, deren Namen ich nicht kenne, aber dafür die Namen ihrer Hunde. Man erkennt sich am Hund und bis die Menschen die Namen austauschen, braucht es eine Vielzahl von Begegnungen. Den Namen des Hundes weiß man meist seit dem ersten Treffen. Übrigens wieder eine Parallele zu jungen Eltern. Ich sag nur: „Das ist doch die Mami von der Lena-Sophie…".

Es weihnachtete sehr und allen Befürchtungen zum Trotz hat Ludwig den Baum stehen gelassen, obwohl er offensichtlich sehr verlockend roch. Als zum Jahreswechsel das knallende Silvester bevorstand, befürchteten wir, aufgrund von Ludwigs Angstattacken wegen Böllern zu Toren während der Fußball WM, ein sehr verängstigtes Nervenbündel beruhigen zu müssen. Eine Geräusche-CD, mit der wir vorher Feuerwerksgeräusche üben wollten, sollte uns helfen. Zunächst führte es jedoch dazu, dass für Ludwig der Staatfeind Nr. 1 die Musikanlage war und diese nur noch verächtlich

angeschaut wurde. Den Durchbruch erzielten wir, als Ludwigs Basset-Freundin Toni zu Besuch kam und er bei ihr sah, dass die Feuerwerksgeräusche sie überhaupt nicht beeindruckten. Dann hat er sich wohl gedacht: „Wenn Toni meint, das ist nicht gefährlich, dann glaub ich ihr das mal!". Silvester verbrachten wir mit einem entspannten Hund auf dem Sofa.

Wir verwöhnen unseren Hund schon sehr, doch jeder Mensch ist unterschiedlich und solange Hund und Herrchen Spaß haben, ist es doch egal und vor allem gesund bzw. schadet niemanden. Sie könnten sich ihren Spaß auch auf ungesündere Art suchen. Welche Form des Zusammenlebens und der Erziehung ein Mensch mit seinem Hund wählt, bleibt jedem selbst überlassen. Ob als Schutzhund, Arbeits- oder Nutzhund, Schoßhund, Lebensgefährte, Ersatzkind, Familienmitglied, Sportgefährte, Schönheitskönig … völlig egal, denn schließlich muss derjenige mit den daraus resultierenden Folgen leben. Man selbst kann es ja anders machen. Hundehalter untereinander sollten sich in mehr gegenseitiger Toleranz üben, denn es gibt nicht nur einen richtigen Weg.

Trotz alle dem oder gerade deshalb beschreibt der folgende Satz, der sowohl Loriot als auch Heinz Rühmann zugeschrieben wird, mein Fazit nach einem Jahr Hundepapa von Ludwig am besten:

»Ein Leben ohne Hund ist möglich, lohnt sich nur nicht!«

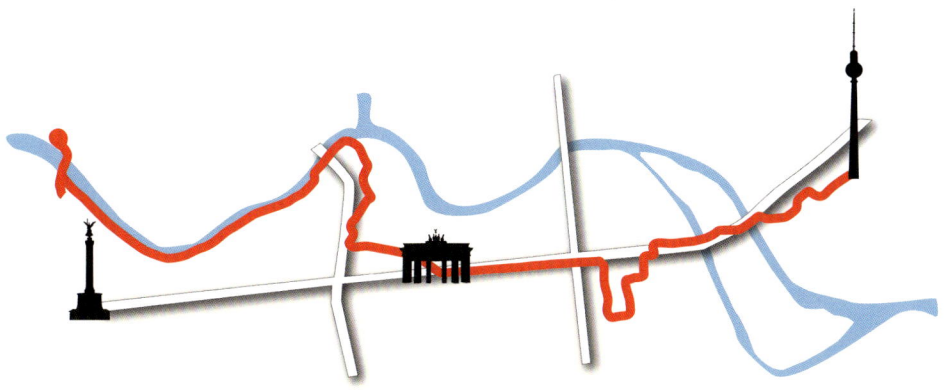

Ludwigs Touristen-Spaziergang

Wenn Ludwig Gäste hat, dann zeigt er ihnen gerne alle Sehenswürdigkeiten. Da ist zwar viel Beton und Trubel und der Tiergarten wäre natürlich viel verlockender, aber wenn man die Tour hinter sich hat, dann hat man auch das Berlin-Starter-Paket gesehen. Außerdem ist der Anfang an der Spree auch für Hunde schön.
Gestartet wird S-Bahn Bellevue, nach einem kurzen Abstecher zum Innenministerium, geht es an der Spree entlang bis zum Hauptbahnhof, quer rüber zum Brandenburger Tor und Unter den Linden bis zum Alexanderplatz.

Lieblingsbrunnen vor dem Innenministerium   Mauerstück vor dem Innenministerium

Schloss Bellevue

Spreeweg Richtung Hauptbahnhof

Kanzleramt

Pariser Platz / Brandenburger Tor

Hallo im Adlon sagen...

Holocaust Mahnmal

Souvenirs Souvenirs

Unter den Linden

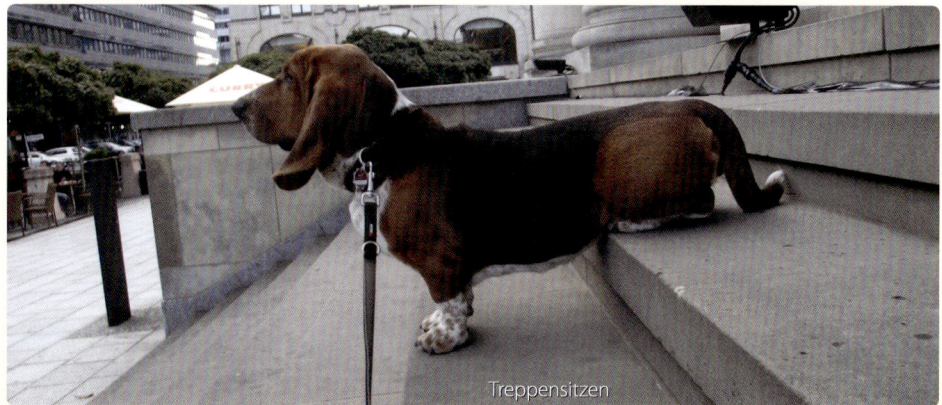

Treppensitzen

Gendarmenmarkt

Vom Platz der
Bücherverbrennung
zur Humboldt Uni

Humboldt Universität

Staatsoper,
Deutsches Museum,
weiter Richtung Dom

Ausflugsschiffe, Achtung Hütchenspieler/Taschendiebe

Tauben jagen vor dem Alten Museum

Brunnen im Lustgarten

Berliner Dom

Humboldt Box / Stadtschloss

Humboldt Box

Endlich Schatten im Marx-Engels-Forum

Herr Marx und Herr Engels

Rotes Rathaus / Neptunbrunnen

St. Marienkirche / Fernsehturm / fix und fertig

Porträts von Berlinern mit Ihrem Hund

Berlin ist so facettenreich wie keine andere Stadt in Deutschland. Wie kann man also diese Stadt und seine Hundefreunde beschreiben? Indem man die vielen einzelnen Mosaike aus den verschiedenen Bezirken porträtiert. So erhält man einen Einblick, wer alles und wie in Berlin mit Hund lebt.

Der Aufruf zu den Porträts fand sofort eine große Aufmerksamkeit und es trudelten in vier Monaten so viele herzerwärmende Porträts ein, das ich mir nicht rausnehmen wollte, auch nur eines davon nicht mit ins Buch zu nehmen. Die nun folgenden Porträts sind geografisch auf 11 von 12 Oberbezirke Berlins verteilt und decken 49 von 96 Unterbezirke ab. Zudem freuen wir uns auch gesellschaftlich eine bunte Mischung präsentieren zu dürfen.

In den Porträts beschreiben die Berliner ihren Tag mit ihrem Hund und geben zudem Tipps für Ausflüge in Berlin.

Viel Spaß!

Wie sieht ein typischer Tag bei uns aus?
Morgens geht es in die Buchhandlung, die liegt am Hohen-
zollerndamm. Da es vor Karnickeln nur so wimmelt in der Nähe
des Sommerbads Wilmersdorf (Locho), hat Lulu ordentlich zu
tun, denen hinterher zu rennen. Mittags gehen wir oft an den
Grunewaldsee oder laufen mit dem „Tierfreund" Gassiservice
mit. Was Lulu großen Spaß macht. Zwischendurch wird viel
geschlafen und in der Buchhandlung die Postboten und
Lieferanten um Leckerli angebettelt.

Sophie mit Hund
Husky-Corgi Mix Lulu

Wieso passen wir so gut zusammen?
Lulu ist ein sehr freundlicher Hund, macht aber auch oft Dinge,
mit denen man gerade nicht gerechnet hat.
So wie ihr Frauchen...

Das lieben wir an Berlin:
Dass es eine Metropole mit Hundeherz ist und viel Grün.

Lieblingsspazierstrecke im Kiez:
Einmal um den Grunewaldsee!

Ausflugstipp innerhalb Berlins:
Der Grunewald. Man trifft unheimlich viele Hunde mit ihren
Besitzern. Was schon mal kurios werden kann, aber immer
wieder ein Erlebnis. Und es ist nirgends Leinenzwang.

Unser Tipp für Berlin mit Hund:
Grundwaldsee! Hundebadestrand

Berliner Bezirk:
Charlottenburg-
Wilmersdorf

Unterbezirk:
Schmargendorf

Frauchen:
Sophie Wester-
mann, Schulbuch-
händlerin, 33 Jahre

Hund:
Husky-Corgi Mix,
4 Jahre

Berit Leonie mit Hund
Maggie-Sue

Berliner Bezirk:
Charlottenburg-
Wilmersdorf

Unterbezirk:
Charlottenburg

Frauchen:
Berit Leonie
Gillmeister,
27 Jahre alt
Eigentümerin
www.bunny-
burrow.com
Studentin (HU)

Hund:
Maggie-Sue,
Malinois,
Jack Russel-Mix,
2 Jahre alt

Wie sieht ein typischer Tag bei uns aus?

Vormittags kümmern wir uns zuerst um die „Zwerge" – die Kaninchen und Wellensittiche. Das heißt, ich kümmere mich um deren Verpflegung, Maggie-Sue um die Körperhygiene – mit voller Hingabe. Später ziehen wir um ins Vorderhaus meinen Laden „Bunny Burrow – food & lifestyle", dort wickelt sie die Paketabholer und Kunden um den Finger, während ich das Geschäftliche erledige und berate. Manchmal schaut noch Maggie-Sues Freundin Emma vorbei, dann geht's rund – die Straße rauf und runter. Abends kommen oft noch Freunde vorbei – zu 90% wollen sie zu uns kommen. „Ist halt so gemütlich bei euch beiden…."

Wieso passen wir so gut zusammen?

Maggie-Sue ist eine kleine Charmebolzenprinzessin, der niemand widerstehen kann. Und ich bin ihr größter Fan.

Lieblingsspazierstrecke im Kiez:

Quer durch den Kiez, vorbei an dem Café mit den Stöckchenwerfer-Stammgästen und an dem Indischen Restaurant, das für Maggie-Sue immer eine Portion Rahmkäse griffbereit hat, bis zum Schlosspark vom Schloss Charlottenburg.

Ausflugstipp innerhalb Berlins:

Die Felder hinter dem Hahneberg in Spandau. Weite Wiesen zum Rennen und nicht zu überlaufen, keine „Pöbel-Hunde".

Unser Tipp für Berlin mit Hund:

Flughafen Tempelhof, zum schauen, Fahrrad fahren, einfach so.
(inklusive 3 Hundeauslaufgebieten)

Wie sieht ein typischer Tag bei uns aus?

Wir stehen um halb sieben auf, frühstücken, ich geh' ins Bad und Emma schläft noch eine Runde - und dann geht's los zu Radio ENERGY. Emma ist immer dabei – und unterhält meine Vormittagsshow, die Kollegen, den Chef (in den sie bis über beide Ohren verliebt ist) und unsere Stargäste! Nachmittags nach der Sendung gibt's dann eine ausgiebige Runde Gassi, dann abends heim – Abendbrot und ab ins Körbchen vor den Fernseher. Emma liebt GZSZ. Ich nicht – aber man muss Kompromisse machen!

Karen mit Hund Emma

Wieso passen wir so gut zusammen?

Wir sind beide bildschön, verfressen und mögen schöne Männer!

Das lieben wir an Berlin:

Die Vielfalt. Hier ist kein Tag wie der andere. Und wir lieben die Ehrlichkeit, die Leute, die Hunde, die Cafés, das Wasser und die Parks. Und natürlich unseren Job! Manchmal lieben wir auch die Ruhe – inmitten der Weltmetropole. Berlin hat eben alles. THE place to be!

Lieblingsspazierstrecke im Kiez:

Von unserem Zuhause über die Bleibtreu- und Kantstraße bis zum Ku'damm, runter bis zum Zoo und wieder hoch. Zwischendurch Leute gucken. We love!

Ausflugstipp innerhalb Berlins:

Emma liebt es, auf dem Schiff eine Spreerundfahrt zu machen. Ansonsten auch ganz touri-like: Monbijou-Park mit Picknickdecke und -korb. Wir sind ja Wahlberliner und mögen immer noch die Kulissen „Fernsehturm", „Brandenburger Tor", „Museums-insel" und Co.

Unser Tipp für Berlin mit Hund:

Wannsee bei Sonnenuntergang nach Feierabend. Nicht revolutionär, aber einfach fabelhaft!

Berliner Bezirk:
Charlottenburg-Wilmersdorf

Unterbezirk:
Charlottenburg

Frauchen:
Karen,
Radiomoderatorin,
25 Jahre

Hund:
Emma, französische Bulldogge ,
5 Jahre

Sarah mit Hund Pepe

Wie sieht ein typischer Tag bei uns aus?
Morgens eine große Runde Gassi gehen bevor es zur Arbeit geht. Dort freuen sich die Bewohner, wenn sie Pepe sehen. Er genießt die Aufmerksamkeit von allen. Wenn wir dann nach Hause fahren, ist er erschöpft. Er schläft dann neben mir auf der Couch und träumt. Abends gehen wir dann die letzte Runde um den Block, bevor der nächste Tag beginnt.

Wieso passen wir so gut zusammen?
Als ich ihn damals als Welpe gesehen habe, wusste ich sofort: Das ist er. Er hat ein sehr freundliches Wesen und begeistert jeden, der ihn sieht. Er lernt schnell und macht alles mit.

Berliner Bezirk:
Charlottenburg-Wilmersdorf

Unterbezirk:
Charlottenburg

Frauchen:
Sarah Pirke, Beschäftigungs-mitarbeiterin in einem Senioren-heim, 24 Jahre

Hund:
Pepe, Miniature Australian Shepherd, 15 Monate alt

Das lieben wir an Berlin:
Dass es hier so viele verschiedene Hunde und Menschen gibt, mit denen man sich gut versteht.

Lieblingsspazierstrecke im Kiez:
Im Park Jungfernheide

Ausflugstipp innerhalb Berlins:
Stößensee (Heerstraße) ist sehr zu empfehlen, da können die Hunde schwimmen und toben.

Unser Tipp für Berlin mit Hund:
Um viele Hunde verschiedener Rassen kennen zu lernen, lohnt sich der Grunewald.

Wie sieht ein typischer (besonderer) Tag bei uns aus?
Wir stehen auf und packen unsere Sachen (Die Bälle und andere Lieblingsspielzeuge meines Hundes, das Essen und die Getränke) in den Rucksack und fahren mit der S-Bahn zum Flughafen Tempelhof. Dort verbringen wir den ganzen Tag - wir spielen, treffen uns mit den Kindern, mit Hunden, genießen einfach die Zeit zusammen bis Rikij nicht mehr gehen kann und total erschöpft ist.

Wieso passen wir so gut zusammen?
Weil in den Augen meines Hundes mein ganzes Glück liegt.

Anda mit Hund Rikij

Das lieben wir an Berlin:
Dass viele Hunde unglaublich diszipliniert sind.

Lieblingsspazierstrecke im Kiez:
In den Schlosspark Charlottenburg

Ausflugstipp innerhalb Berlins:
Die Tempelhofer Freiheit. Da gibt es drei umzäunte Hundeauslaufgebiete.

Unser Tipp für Berlin mit Hund:
Hundegarten "Kleine Feiglinge": Auslauf für kleine Hunde in der Hasenheide (links vom Turnvater-Jahn-Denkmal). Maximal 35 cm hoch und 15 kg schwer – das sind die Voraussetzungen!

Berliner Bezirk:
Charlottenburg-Wilmersdorf

Unterbezirk:
Wilmersdorf

Frauchen:
Anda Kukule,
Studentin,
23 Jahre alt

Hund:
Rikij,
Yorkshire Terrier,
3 Jahre alt

Vera mit Hunden
Lilly und Pina

Berliner Bezirk:
Charlottenburg-
Wilmersdorf

Unterbezirk:
Grunewald

Frauchen:
Vera, Verwaltungs-
angestellte
47 Jahre

Hund:
Lilly,
Französische
Bulldogge,
2 Jahre alt
und Pina,
Terriermischling,
1 Jahr alt

Wie sieht ein typischer Tag bei uns aus?
Morgens erst mal an den Grunewaldsee und nachmittags zu
den Pferden

Wieso passen wir so gut zusammen?
Wir sind alle drei Langschläfer, aber wenn wir ausgeschlafen
haben am Wochenende, dann geht's über die Felder

Das lieben wir an Berlin:
Berlin ist einfach eine Hundestadt.

Lieblingsspazierstrecke im Kiez:
Grunewaldsee, Krumme Lanke, Schlachtensee, Bötzow Felder

Ausflugstipp innerhalb Berlins:
Schlachtensee

Wie sieht ein typischer Tag bei uns aus?
An der Staffelei arbeiten, schlafen, essen, Gassi gehen, wieder essen, spielen, an der Staffelei arbeiten, schlafen oder zu Eddy (Pferd) fahren, Eddy putzen, Unfug machen, Katze jagen, bellen, Eddys Möhren stehlen, mit Eddy spazieren gehen, Herrchen reitet in der Halle, ich sehe zu, abends nach dem Essen erschöpft einschlafen

Wieso passen wir so gut zusammen?
Weil ich eine künstlerische Bereicherung in Herrchens Leben darstelle.

POGO mit Hund Lucky

Das lieben wir an Berlin:
Im Sommer draußen vor dem Lokal sitzen und das vorbeiziehende Leben beobachten.

Berliner Bezirk:
Charlottenburg-Wilmersdorf

Lieblingsspazierstrecke im Kiez:
Olivaer Platz bis zum Preußenpark, dort Kaninchen verbellen

Unterbezirk:
Wilmersdorf

Ausflugstipp innerhalb Berlins:
Schlachtensee

Herrchen:
POGO, Künstler, 60 Jahre alt

Unser Tipp für Berlin mit Hund:
Grunewaldsee (ist leider wegen der vielen Zäune nicht mehr so schön wie früher)

Hund:
Lucky, Alles, 5 Jahre alt

117

Winnie und Tammo
mit Hund Toni

Berliner Bezirk:
Kreuzberg-
Friedrichshain

Unterbezirk:
Friedrichshain

Herr-/Frauchen:
Winnie,
PR Managerin,
35 Jahre alt,
Tammo,
Musikredakteur,
32 Jahre alt

Hund:
Toni, Basset Hound,
Juni 2011 geboren

Wie sieht ein typischer Tag bei uns aus?

Nach dem Morgenspaziergang mit Tammo nehmen wir unsere Toni beide mit zur Arbeit und wechseln uns dabei ab. Eine feste Routine gibt es hier nicht. Gassipausen werden in den Tagesablauf integriert. Abends gehen wir dann oft auf den Hundeplatz an der Revaler Straße, damit sie noch mit anderen Hunden toben kann. Am Wochenende ist unsere „Wurst" die Nummer 1 – wir versuchen, viele Ausflüge in die Umgebung zu unternehmen, gerne mit anderen Hundebesitzern.

Wieso passen wir so gut zusammen?

Auf unserem Sofa war noch ein Platz frei und sie ist genauso kuschlig und faul wie wir.

Das lieben wir an Berlin:

Die Vielseitigkeit. Vom großen Trouble in Friedrichshain bis hin zu den chilligen Ecken (Plänterwald / Tiergarten). Toni liebt die Gerüche und das Frühstück in der Tempobox.

Lieblingsspazierstrecke im Kiez:

Runter zum Treptower Park / Plänterwald.

Ausflugstipp innerhalb Berlins:

Tierpark Friedrichsfelde.
Da sind Hunde erlaubt und müssen keinen Eintritt bezahlen.

Unser Tipp für Berlin mit Hund:

Das Hard Rock Cafe. Da darf man Hunde mitbringen und die Rips sind einfach fantastisch.

Wie sieht ein typischer Tag bei uns aus?
Wir schlafen morgens so lange, wie es geht und laufen dann
eine Runde durch den Kiez. Danach mache ich meine Sachen
und Emma liegt in ihrem Korb oder versucht die Wohnung zu
zerlegen. Später geht es dann nochmal in ein Auslaufgebiet,
damit sich Emma richtig austoben kann.

Wieso passen wir so gut zusammen?
Weil Emma ein sportlicher Kasper ist, der zu allen Schandtaten
bereit ist und gleichzeitig unglaublich anhänglich und
verschmust ist.

Philine mit Hund Emma

Das lieben wir an Berlin:
Dass es so grün ist und Hunde überall willkommen sind.

Lieblingsspazierstrecke im Kiez:
Über die Bänschstraße zum Forckenbeckplatz oder über den
Boxhagener Platz durch die Simon-Dach-Straße.

Berliner Bezirk:
Friedrichshain

Unterbezirk:
Friedrichshain

Ausflugstipp innerhalb Berlins:
Der Treptower Park, weil er unglaublich grün ist und mitten
drin das beeindruckende sowjetische Ehrendenkmal steht.

Frauchen:
Philine Schmitz-
Lenders,
Studentin,
20 Jahre alt

Unser Tipp für Berlin mit Hund:
Spaziergang an der Spree entlang am Rande des Treptower
Parks.

Hund:
Emma, Magyar
Vizsla,
5 Monate alt

Karolin mit Hund Mika

Berliner Bezirk:
Kreuzberg-
Friedrichshain

Unterbezirk:
Kreuzberg

Frauchen:
Karolin, 28 Jahre,
Diplompsychologin

Hund:
Mika, Deutscher
Schäferhund,
8 Jahre alt

Wie sieht ein typischer Tag bei uns aus?

Morgens auf dem Mariannen-Platz Ball spielen & gucken, wer von meinen Hunde-Kumpels noch so da ist. Dann begleite ich mein Frauchen - wir gehen zusammen ins Behindertenheim arbeiten, einkaufen, Freunde treffen. Oft gucke ich auch zu, wie sie Bücher für die Uni anguckt (sie nennt es lesen). Früher sind wir oft auf die Demenz-Station eines Altenheims gegangen und haben mit den Bewohnern gespielt - die haben mir dann viel von ihren Hunden von früher erzählt. Heute spielen wir freitags mit autistischen, ADHS- & behinderten Kindern - Frauchen nennt das "Hundetherapie", ich nenne es "Spaß"! Auch unsere 3 Mitbewohner zu Hause denken sich immer neue Spiele aus und kuscheln abends auf der Couch mit mir...

Wieso passen wir so gut zusammen?

Von Abenteuer-erleben bis Kuschel-Stunden - wir machen alles zusammen und uns gegenseitig glücklich.

Das lieben wir an Berlin:

Es gibt überall viel zu schnuppern, man begegnet jeden Tag neuen Hunde-Freunden und es gibt mehr Parks, als wir je kennenlernen können.

Lieblingsspazierstrecke im Kiez:

Am Maybach-Ufer, vom Urania-Krankenhaus bis zur Lohmühle.

Ausflugstipp innerhalb Berlins:

Die Wuhlheide! Ein richtiger Abenteuer-Spielplatz für Hunde mit Wald, Wiesen & Bächen - mit direktem S-Bahn-Anschluss.

Unser Tipp für Berlin mit Hund:

Mit "Hunde im Sozialdienst e.V." anderen Menschen in Alten-, Behindertenheimen, Kindergärten oder Schulen Freude machen.

Wie sieht ein typischer Tag bei uns aus?

Einen typischen Tag gibt es bei uns gar nicht. Meistens gehen Jonas und Jessi mit uns auf den Hundeplatz in der Revalerstraße und treffen uns dort mit all unseren Hundefreunden. Wir fahren aber auch oft in den Plänter- oder Grunewald. Wenn beide arbeiten müssen, bekommen wir unser Spielzeug zum spielen oder schlafen in unserer großen Kiste. Manchmal machen wir Hundeurlaub bei Opa am Storkower See und mehrmals im Jahr fahren wir alle mit unserem Wohnmobil in den Urlaub. Wir waren schon in Frankreich, Italien, Spanien, der Schweiz, Österreich, Tschechien und Slowenien. Ihr seht also bei uns ist allerhand los und es wird nie langweilig!!!

Wieso passen wir so gut zusammen?

Weil wir eine kleine, eingespielte Familie sind und uns perfekt ergänzen. Jonas und Jessi haben uns sehr lieb und achten immer darauf, dass wir gesund und fröhlich sind. Genauso helfen wir ihnen mit unseren langen Schlabberzungen und entzückenden, braunen Augen, wenn es ihnen mal nicht gut geht.

Das lieben wir an Berlin:

Die Vielseitigkeit und das kunterbunte Miteinander. Dass es nie langweilig wird und man überall etwas Neues entdecken kann.

Lieblingsspazierstrecke im Kiez:

Am allerliebsten laufen wir natürlich zu unserem Hundeplatz in der Revaler Straße, aber auch eine Runde um den Boxhagener Platz machen wir gerne.

Ausflugstipp innerhalb Berlins:

Der Plänterwald, das große Hundeauslaufgebiet am Grundewaldsee und der schöne große Hundeplatz am Betriebsbahnhof Rummelsburg.

Jessi & Jonas mit Hunden

Berliner Bezirk:
Kreuzberg-
Friedrichshain

Unterbezirk:
Friedrichshain

Herr-/Frauchen:
Jonas (26) &
Jessi (25),
beide Erzieher

Hund:
Benni, 2,5 Jahre,
Chihuahua-
Pinscher- Mix
Krümel, 2 Jahre,
Labrador-
Terrier- Mix

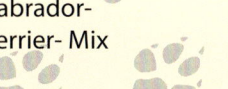

Ricarda mit Hund Talula

Berliner Bezirk:
Kreuzberg-
Friedrichshain

Unterbezirk:
Friedrichshain

Frauchen:
Ricarda,
Sozialpädagogin,
Dozentin, 45 Jahre

Hund:
Talula, Labrador-
Mix, 9 Jahre

Wie sieht ein typischer Tag bei uns aus?
Den gibt es bei uns nicht. Manchmal gehen wir morgens gemeinsam joggen. Viel lieber fahren wir beide ins grüne Randberlin, um die Ruhe der Natur zu genießen. Die Großstadt findet Talula manchmal langweilig, außer es lassen sich leckere Essensreste auf der Straße finden… Manchmal begleitet mich Talula bei der Arbeit. Entweder bei Kinderbuchlesungen mit Hund, Projekten in Schulen oder als „Schulhund" in der Erzieherinnenausbildung der Bundeswehrfachschule. Die Arbeit mit Menschen ist immer noch ein absolutes „Highlight". Deshalb macht auch das S-Bahn fahren (trotz der vielen Verspätungen) so viel Spaß. Talula steht dann einfach auf, stupst einen Fahrgast an und lässt sich während der gesamten Fahrt genüsslich streicheln. Steigt ein Fahrgast aus, stups - muss der nächste dran „glauben".

Wieso passen wir so gut zusammen?
Talula sorgt für die nötige Ruhe in meinem hektischen Alltag. Und nicht zu vergessen ist unsere gemeinsame große Leidenschaft für die Berge – aber leider nur im Urlaub.

Das lieben wir an Berlin:
Die vielen Hunde und natürlich unsere Hundekita „Tierbetreuung-Berlin"

Lieblingsspazierstrecke im Kiez:
Volkspark Friedrichshain oder Volkspark Prenzlauer Berg

Ausflugtipp innerhalb Berlins:
Restaurants in Friedrichshain oder Prenzlauer Berg (fast alle sehr hundefreundlich)

Unser Tipp für Berlin mit Hund:
Naturspaziergänge in Berlin-Buch oder Berlin-Karow

Wie sieht ein typischer Tag bei uns aus?
Morgens joggen wir gemeinsam 4-5km durch die Biesdorfer
Heide und Nachmittags spazieren wir (also wir spazieren und
Samba sprintet) durch die Schmetterlingswiesen in Biesdorf.
Bei schönem Wetter sitzen wir Abends noch im Garten.

Wieso passen wir so gut zusammen?
Wir können den ganzen Tag im Bett verbringen und nur
aufstehen wenn, die Blase drückt oder der Magen knurrt. Das
verbindet.

Kinga und Maciej
mit Hund Samba

Das lieben wir an Berlin:
Berlin ist eine sehr grüne und hundefreundliche Hauptstadt
mit vielen Parks und Seen. Und hey, wo bekommt man sonst
um 4 Uhr früh einen frisch zubereiteten Döner?!

Lieblingsspazierstrecke im Kiez:
Die Biesdorfer Heide oder die Biesdorfer
Schmetterlingswiesen.

Ausflugstipp innerhalb Berlins:
Einfach der Spree entlang... spazieren, laufen, joggen, Fahrrad
fahren

Unser Tipp für Berlin mit Hund:
Das gleiche wie oben nur mit Hund.

Berliner Bezirk:
Marzahn-Hellersdorf

Unterbezirk:
Biesdorf

Herr-/Frauchen:
Kinga,
IT-Systemkauffrau,
28 Jahre alt
Maciej,
Sport- und Fitness-
kaufmann,
27 Jahre alt

Hund:
Samba, Rhodesian
Ridgeback,
2 Jahre und
10 Monate

123

Berliner Bezirk:
Marzahn-Hellersdorf

Unterbezirk:
Marzahn

Frauchen:
Beatrice Burmeister,
Leiterin
Therapieteam-Berlin
und Hunde-
trainerin, 32 Jahre

Hunde:
Merliah, Chihuahua
(3J);
Jacky, Chihuahua
(1,5J);
Püppy,
Chihuahuamix (5J);
Buck, Chihuahuamix
(3J); Raggety,
Chihuahua (4J);
Aurinko, Chihuahua,
(6M); Finn,
Australian Shepherd
(2,5J)

Wie sieht ein typischer Tag bei uns aus?
Wir (Buck, Merliah, Jack , Aurinko & Finn) stehen schon sehr früh auf und fahren im Tageswechsel mit unserem Frauchen zur Arbeit. Wir besuchen viele Seniorenheime und werden jeden Tag schon sehnlichst erwartet. Wir lassen uns streicheln und dürfen dann zeigen, was wir so drauf haben, ob bei Tricks oder Spielen. Nach unserer Arbeit ruhen wir uns Zuhause erst mal aus und gehen spazieren.

Wieso passen wir so gut zusammen?
Weil wir ein unschlagbares Team sind.

Das lieben wir an Berlin:
In Berlin gibt es immer wieder etwas Neues zu entdecken.

Lieblingsspazierstrecke im Kiez:
Vom Kienberg bis nach Eiche laufen.

Ausflugstipp innerhalb Berlins:
Unser Tipp ist der Wuhlewanderweg von Marzahn nach Köpenick, dort gibt es neben der Wuhle als Abkühlung viele Wiesen und Wälder, die nicht nur uns Menschen die Schönheit der Natur nah bringen.

Unser Tipp für Berlin mit Hund:
Die Stadtführungen mit Hund von Melanie Knies
(www.BerlinmitHund.de)

Wie sieht ein typischer Tag bei uns aus?
Wenn mich Sina wachgekitzelt hat, geht es erst einmal runter Pinka Pinka machen und den Fuchs vertreiben. Nach einem leckeren Frühstück gehen wir einkaufen und Besorgungen machen. Nach dem gemeinsamen Mittagsschläfchen freuen wir uns auf unsere große Runde im Wuhletal. Abends sind wir erschöpft und es wird gekuschelt, wir sind glücklich!

Wieso passen wir so gut zusammen?
Sina macht mir das Leben leichter mit ihrer Liebe und Anhänglichkeit. Sie verschafft mir Bewegung und das Leben macht Sinn.

Eva mit Hund Sina

Das lieben wir an Berlin:
Dass Berlin viele Grünflächen, Bäume und Wasser hat.

Berliner Bezirk:
Marzahn Hellersdorf

Lieblingsspazierstrecke im Kiez:
An der Wuhle lang, zwischen S-Bahnhof Wuhletal und Cecillienstraße.

Unterbezirk:
Kaulsdorf

Ausflugstipp innerhalb Berlins:
Ab S-Bahnhof Wuhletal kann man rechts und links der Wuhle lang. An den Böschungen toben, Pfötchen kühlen und Enten, Schwäne, Reiher, Rehe, Fuchs und Hase sehen, alles noch Natur.

Frauchen:
Eva Wagner,
Rentnerin,
74 Jahre

Unser Tipp für Berlin mit Hund:
Im Tierpark Berlin dürfen Hunde das gesamte Jahr kostenlos rein und im großen Gelände Tiere und Pflanzen beschnuppern.

Hund:
Sina,
Cocker Spaniel,
11 Jahre alt

† Leider ist Sina im Frühjahr aus einer Narkose nicht wieder aufgewacht.

125

Diana mit Hunden Cookie, Tami und Feeju

Berliner Bezirk:
Marzahn-Hellersdorf

Unterbezirk:
Marzahn

Frauchen:
Diana Burmeister, 32 Jahre, arbeitet in der tiergestützten Therapie

Hunde:
Always Friends Cookie, Australian Shepherd, 5,5 Jahre
Tami, Chihuahua-Yorkshire Terrier-Mix, 11 Jahre
Feeju, Border Collie, 2 Jahre

Wie sieht ein typischer Tag bei uns aus?
Der Tag beginnt mit einer Gassirunde mit Cookie & Tami und dann mit Feeju. Jeden Dienstag begleiten mich meine Therapiehunde Cookie & Tami auf die Komastation, ansonsten gehe ich mittags mit jedem einzeln eine Runde und wir nutzen die Zeit zum Toben oder Trainieren. Am Abend laufe ich zusammen mit Feeju, meiner Mutter oder meiner Schwester + Hunden eine Runde. Danach laufe ich mit Cookie & Tami.

Wieso passen wir so gut zusammen?
Meine Hunde und ich gehen durch dick und dünn, sie sind treu und sehr auf mich bezogen.

Das lieben wir an Berlin:
Berlin bietet sehr viele Möglichkeiten, wo man mit seinen Hund unterwegs sein kann.

Lieblingsspazierstrecke im Kiez:
Am liebsten laufen wir hinter dem Kaufpark Eiche.

Ausflugtipp innerhalb Berlins:
Immer wieder eine Reise wert ist der Grunewald oder auch Arkenberge, wo man seine Hunde ungestört frei laufen lassen kann und auf nette andere Hundebesitzer trifft.

Unser Tipp für Berlin mit Hund:
Der Tierpark ist für uns das Highlight in Berlin, da er zu einen der wenigen Tierparks/Zoos gehört, wo man mit seinem Hund gern gesehen wird.

Wie sieht ein typischer Tag bei uns aus?
Die morgendliche Runde geht durch den Biesdorfer Park.
Mittags wird die Wohnsiedlung abgeschnüffelt und abends
um den Biesdorfer See gelaufen. Zuhause ruht sich die "kleine"
Gina dann bei Herrchen auf dem Schoß aus und lässt sich
kraulen bis die Augen zufallen.

Wieso passen wir so gut zusammen?
Gina ist eine verspielte und verkuschelte, herzensgute und
treue Seele. Genau wie ich.

Rico mit Hund Gina

Das lieben wir an Berlin:
So viel Grün in unserer wunderschönen Hauptstadt.

Lieblingsspazierstrecke im Kiez:
Ein gepflegter Spaziergang durch den Biesdorfer Park oder um
den Kaulsdorfer See.

Berliner Bezirk:
Marzahn-Hellersdorf

Ausflugstipp innerhalb Berlins:
Volkspark Friedrichshain: Hier gibt es viel zu entdecken und
sogar einen eigenen Hundeauslaufplatz. Auch der Treptower
Park ist immer einen Schnüffler wert.

Unterbezirk:
Biesdorf

Herrchen:
Rico,
Krankenpfleger,
33 Jahre

Unser Tipp für Berlin mit Hund:
Berlins Hundeauslaufplätze. Wo kann man besser andere
Vierbeiner treffen und ohne Leine spielen?!

Hund:
Gina vom
Altranstädter
Schloss,
Deutsche Dogge,
17 Monate

127

Linda mit Hunden
Lieselotte und Senta

Berliner Bezirk:
Marzahn-Hellersdorf

Unterbezirk:
Hellersdorf

Frauchen:
Linda Bölke,
Raucher-
entwöhnung,
62 Jahre

Hunde:
Lieselotte (Pulver),
Mischling, 5,5 Jahre
Senta (Berger),
Mischling, 7 Jahre
(von verstorbenem
Freund adoptiert)

Wie sieht ein typischer Tag bei uns aus?
Zwischen 4:00 und 5:00 Uhr aufstehen und ab zur großen
Runde um den Ahrensfelder Berg (ca. 50 Minuten), egal bei
welchem Wetter. Mittags rennen die Hunde 30 Minuten ihren
Bällen hinterher – die Ladies müssen auf die Figur achten.
Abends gehen wir noch einmal durch den Park und drehen
eine Runde um den Teich.

Wieso passen wir so gut zusammen?
Wir drei lieben andere Hunde und andere Menschen.

Das lieben wir an Berlin:
Berlin ist herrlich grün – egal, in welche Richtung wir gehen.

Lieblingsspazierstrecke im Kiez:
Rund um den Ahrenfelder Berg – einmal rauf und wieder
runter. Die Aussicht lohnt sich.

Ausflugstipp innerhalb Berlins:
Gärten der Welt in Marzahn.

Unser Tipp für Berlin mit Hund:
Hunde-Sightseeing – Stadtführungen für Hunde und ihre
Besitzer. Melanie Knies hat tierische Stadtführungen ins Leben
gerufen.

Wie sieht ein typischer Tag bei uns aus?
Nach dem ersten Morgenkuscheln geht's raus vor die Tür, die ersten Hundefreunde begrüßen. Anschließend ein leckeres Frühstück für Hund und Mensch und dann heißt es erst mal mit dem Papa alleine zu Hause bleiben und die Mittagsrunde drehen. Wenn ich dann aus der Schule komme, ist die Freude groß, denn jetzt geht's los. Hundeschule, Fahrrad- oder Skaterfahren, Agility und nach der Abendrunde erschöpft ins Bett.

Edda mit Hund Carlo

Wieso passen wir so gut zusammen?
Weil wir viel voneinander lernen können, Spaß an der Bewegung haben und er mir immer gute Laune macht.

Das lieben wir an Berlin:
Dass die meisten Berliner ein Herz für Hunde haben und das viele Grün.

Berliner Bezirk:
Marzahn-Hellersdorf

Lieblingsspazierstrecke im Kiez:
Der Wuhletal-Wanderweg, der entlang der Wuhle eine herrliche Aussicht, viel Gestrüpp zum Schnuppern und sogar einen See zum Baden bietet.

Unterbezirk:
Biesdorf

Ausflugstipp innerhalb Berlins:
Das Hundeauslaufgebiet in Pankow, denn hier gibt es immer andere Hunde, einen Fluss, Felder, Wald und es ist mit Auto oder Bus gut zu erreichen.

Frauchen:
Edda Aldinger,
Schülerin,
17 Jahre

Unser Tipp für Berlin mit Hund:
Die Biesdorfer-Struppiparade der Hundeschule an der B1, bei der jeder mitmachen kann und es sogar Preise zu gewinnen gibt.

Hund:
Carlo,
Terrier-Mischling,
4 Jahre

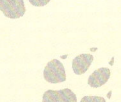

Hund Balu

Berliner Bezirk:
Marzahn-Helersdorf

Unterbezirk:
Marzahn

Frauchen:
Dr. Brigitte Seifert,
Rentnerin
(Tierärztin)
76 Jahre

Hund:
Balu- Webster vom
Rotmaintal, Bobtail,
9 Jahre

Wie sieht ein typischer Tag bei uns aus?
Früh gegen 3.30 Uhr beginnt der Tag mit einem Spaziergang zum Munterwerden, dem dann ca. 8 Uhr der ausführliche tägliche Ausflug folgt. An bestimmten Tagen der Woche rüsten wir uns nach einer kurzen Verschnaufpause für den Besuch bei seinen Freunden im Behindertenheim. Balu „arbeitet" nämlich seit 7 Jahren erfolgreich als Therapiehund. Das macht uns beiden, aber auch den Besuchern immer viel Spaß.

Wieso passen wir so gut zusammen?
Da wir oft als „Kollegen" im Einsatz sind, vertrauen wir uns gegenseitig total, verstehen einander und möchten möglichst immer zusammen sein.

Das lieben wir an Berlin:
Große Grünflächen, abwechslungsreiche Umgebung und freundliche Nachbarn sorgen für ein tolles Wohlfühlklima.

Lieblingsspazierstrecke im Kiez:
An der Wuhle entlang bis zum Kienberg suchen wir uns jeden Tag eine andere für Balu interessante „Schnüffelstrecke" aus, auf der auch Spuren von Enten, Hasen, Rehen und Füchsen zu finden sind.

Ausflugstipp innerhalb Berlins:
Ein Besuch im Tierpark ist für den Hund immer eine besondere Freude, ebenso wie eine Fahrt mit der S-Bahn ins Umland.

Unser Tipp für Berlin mit Hund:
Vielleicht hat auch ihr Hund Lust, als Therapiehund zu arbeiten. Es gibt in Berlin verschiedene Vereine, die eine solche Tätigkeit nach eingehender Eignungsprüfung organisieren.

Wie sieht ein typischer Tag bei uns aus?

Ich stehe morgens als Morgenmuffel auf, sie will auch länger schlafen. Sobald ich die Bettdecken wegziehe, ist sie im vollen Schwung. Gassi! Sie freut sich auf die Nachbarn, die sie jeden Morgen im Aufzug begrüßt. Fröhlich, kontrolliert sie ihr Revier und sucht neue Rüden und alte Bekannte. Wenn ich bei der Arbeit bin, verbringt sie ihre Zeit bei meinem Nachbar, der Rentner ist. Er spielt stundenlang sehr gerne mit ihr und sie sagt ihm mit ihrem Bellen bescheid, wenn sein Telefon klingelt oder jemand an der Tür ist. Erschöpft von ihrem Besuch bei dem Nachbar ist sie abends eher ruhig bis sie das Wort "Gassi!" hört.

Wieso passen wir so gut zusammen?

Sie ist sehr glücklich und hat viel Lebensfreude. Sehr neugierig und nicht zurückhaltend, erforscht sie mit Freude ihre Umgebung. Sie liebt kuscheln, ist kommunikativ und kann sehr viel besser Socken fangen als icke.

Das lieben wir an Berlin:

Toleranz. Leben und leben lassen und Berlins schöne Vielfältigkeit.

Lieblingsspazierstrecke im Kiez:

Jubel und Trubel am Alexanderplatz und die kleinen Straßen zwischen Alexanderplatz und Hackeschen Markt.

Ausflugstipp innerhalb Berlins:

Volkspark Friedrichshain

Unser Tipp für Berlin mit Hund:

Eine Stadt mit Herz und Verstand braucht weder eine Hundesteuer zu haben noch einen Hundeführerschein einzuführen. Faire Politik soll für alle Bürger angestrebt werden.

Chicago Rose
mit Hund Lilly

Berliner Bezirk:
Mitte

Unterbezirk:
Mitte

Herrchen:
Chicago Rose, Drag Queen Künstler
www.chicagorose.de

Hund:
Lilly, Sheltland Sheepdog, 11 Jahre

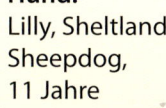

131

Nash mit Hund Milka

Berliner Bezirk:
Mitte

Unterbezirk:
Gesundbrunnen

Frauchen:
Nash,
Selbstständige PR
Managerin,
40 Jahre

Hund:
Milka, Terrier-Mix,
6 Monate

Wie sieht ein typischer Tag bei uns aus?
Morgens um 7 Uhr geht es kurz vor die Türe um die erste Notdurft loszuwerden. Dann erst einmal einen Kaffee und duschen – was Milka langweilt – Madame will los! So ab 8.30 Uhr gehen wir meistens in den Mauerpark (was bei gutem Wetter am Vortag wegen der Essensreste manchmal echt nervig ist) oder zum Auslaufgebiet Rehberge. Danach geht es ab ins Büro nach Kreuzberg. Mittags geht es eine Runde am Paul – Lincke Ufer entlang. Abends gehen wir in den Park oder fahren in den Grunewald bzw. Arkenberge! Toll ist auch das Auslaufgebiet bei der Heerstraße – ich versuche Milka hier ein bisschen Abwechslung im Büroalltag zu bieten.

Wieso passen wir so gut zusammen:
Weil Milka genauso viel Pfeffer im Hintern hat wie ich und wir einfach ein super Team sind!

Das lieben wir an Berlin:
Wenn man mobil ist hat Berlin viele Parks und Seen für Hunde und ihre Besitzer zu bieten.

Lieblingsspazierstrecke im Kiez:
Über die Gleimstraße in den Mauerpark – oder in den Volkspark Humboldthain (beides nur vor 10 Uhr)

Ausflugtipp innerhalb Berlins:
Auslaufgebiet Rehberge - tolle Strecke – nette Leute – kein Müll! Leider nicht am Wochenende, da ist der Park einfach zu überfüllt.

Unser Tipp für Berlin mit Hund:
Wer ein Auto hat, sollte mal in den Tegeler Forst bei Frohnau fahren. Wunderschöner Wald mit tollem Hundeauslaufgebiet!

Wie sieht ein typischer Tag bei uns aus?
Typisch ist nichts! Wir sind bedingt durch meinen Job eher viel unterwegs, um uns neue Locations anzuschauen, Kunden (vorwiegend Hotels & Restaurants) zu besuchen oder aber Angebote und Absprachen im Büro zu bearbeiten.

Wieso passen wir so gut zusammen?
Wir passen einfach aufeinander auf und bleiben als Team immer im Gespräch und in den Köpfen unserer Freunde und Kunden. Wir sind beide etwas hektisch, etwas vorlaut und trotzdem herzensgut. ;o)

Katja mit Hund Lisa

Das lieben wir an Berlin:
Die vielen tollen Brunnen & Seen, in denen Lisa sich so prima abkühlen kann an heißen Tagen und natürlich unseren Ausführservice oder auch das Hundehotel kann eine echte Hilfe sein, wenn ich mal nicht so viel Zeit habe.

Berliner Bezirk:
Mitte

Lieblingsspazierstrecke im Kiez:
Rund um die schwangere Auster gibt es zu jeder Jahreszeit ein Flecken, was nen kleinen Terrier glücklich macht.

Unterbezirk:
Tiergarten

Ausflugstipp innerhalb Berlins:
Das Auslaufgebiet rund um den Grunewaldsee ist ein echtes Highlight. Oder doch mal den ehemaligen Grenzstreifen ablaufen in Kladow?

Frauchen:
Katja Grünebaum
Event Logistikerin
www.gruenebaum-events.de
36 Jahre

Unser Tipp für Berlin mit Hund:
Auf Nachfrage sind Wuffi´s auch in der Rutz Weinbar willkommen. Und wenn es noch was Schönes und Blingbling sein soll: Coco von Knebel hat das Outfit für den Hund von Welt.

Hund:
Lisa, Foxterrier,
7 Jahre

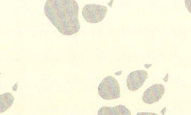

Phantina
mit Hunden
Kanellos und Boubou

Berliner Bezirk:
Mitte

Unterbezirk:
Moabit

Frauchen:
Phantina

Hund:
Kanellos und
Boubou, Spezies aus
Griechenland

Wie sieht ein typischer Tag bei uns aus?
Bei unserer Chefin gibt es keinen typischen Tag. Mal rennen wir morgens um 6 Uhr durch Berlin, dann wieder erst um 11 Uhr. Gehen wir abends spät noch raus, dann wissen wir, dass wir uns morgens noch lange in ihrem göttlichen Kuschelbett räkeln können. Gerade das macht so Spaß. Jeder Tag ist spannend. Dann schwingt sie sich aufs Rad und ab geht es mal in den Tiergarten, mal in den Schloßpark, mal in die Rehberge, mal in die Jungfernheide, mal durch die ganze Stadt bis zum Alex oder nach Kreuzberg. Im Sommer gibt es lange Radtouren. Ausgepowert kommen wird dann nach hause, abends noch eine Runde durch den Moabiter Kiez. Kanellos findet den Kiez hier total spannend, ich finde Wild, Mäuse oder Ähnliches viel aufregender.

Wieso passen wir so gut zusammen?
Da stimmt einfach die Chemie. Außerdem sind wir einfach super liebe, fröhliche, herzensgute Kumpel, Kanellos und ich. Auf uns ist Verlass.

Das lieben wir an Berlin:
Die Freiheit, frei laufen zu können, obwohl das wohl so nicht erlaubt ist. Im Kiez kennen uns alle, wenn einer meckert, nimmt Phantina uns an die Leine. Aber die Leute hier sind überwiegend gut drauf.

Lieblingsspazierstrecke im Kiez:
Von uns in den Englischen Garten durch den Tiergarten zum Potsdamer Platz und zurück.

Ausflugstipp innerhalb Berlins:
Schlachtensee und dann im Bereich des Hundeauslaufgebietes bis Grunewaldsee und weiter.

134

Wie sieht ein typischer Tag bei uns aus?
Eddie ist ein medizinisch geschulter Diabetikerhund. Wenn
Frauchen unterzuckert ist, merkt er es und macht mich darauf
aufmerksam oder holt sogar Hilfe. Mit seinem
Ausbildungsattest darf er mich überall hin begleiten, ob zur
Arbeit oder ins Kino – Eddie ist fast immer mit dabei.

Wieso passen wir so gut zusammen?
Durch seine Aufmerksamkeit ist Eddie eine Bereicherung für
mein Leben – ja sogar mein Lebensretter.

Mirja mit Hunden
Eddie und Jule

Das lieben wir an Berlin:
Die vielen Hunde, man findet immer einen Spielkameraden.

Lieblingsspazierstrecke im Kiez:
Am Spreeufer entlang.

Berliner Bezirk:
Mitte

Ausflugstipp innerhalb Berlins:
Das Hundeauslaufgebiet am Grunewaldsee.

Unterbezirk:
Tiergarten/Moabit

Unser Tipp für Berlin mit Hund:
Die großen Hundeauslaufgebiete
beispielsweise der Tegeler Forst.

Frauchen:
Mirja Joffel,
Verkäuferin,
54 Jahre

Hund:
Eddie,
Golden Retriever,
6 Jahre
Jule, Eddys
Nachfolger als
Diabetikerbegleit-
hund nach Grund-
ausbildung und
med. Ausbildung

135

Timur mit Hund Haze

Berliner Bezirk:
Mitte

Unterbezirk:
Moabit

Herrchen:
Timur ,
Inhaber
Zeitungsladen,
30 Jahre

Hündin:
Haze ,
Staffordshire Terrier,
4 Jahre

Wie sieht ein typischer Tag bei uns aus?
Morgens in den kleinen Tiergarten, tagsüber im Kiosk und in der Lübecker Straße, abends nochmal in den Park.

Wieso passen wir so gut zusammen?
Ich hab sie seit ihrem ersten Tag, die Mama war auch meine Hündin. Leider verlief die Geburt nicht gut. Pita (die Mama) warf 12 Welpen, nur Haze hat es überlebt. Die Mama verstarb 3 Wochen später. Also ist Haze eine Handaufzucht vom ersten Tag an.

Das lieben wir an Berlin:
Es gibt sehr viele schöne Parks, Wälder und Seen.

Lieblingsspazierstrecke:
Volkspark Wilmersdorf und der Fennsee

Ausflugstipp innerhalb Berlins:
Grunewald und Hundekehlsee.

Wie sieht ein typischer Tag bei uns aus?
Morgens eine Runde durch den Kiez anschließend in den
Salon, dort liegt Ludwig in seinem Körbchen und begrüßt die
Kunden. Oder bei schönem Wetter macht er auch gerne mal
den Bürgersteig unsicher und lässt sich von den Passanten
streicheln. Abends gehen wir dann nochmal ne Runde und
machen uns einen schönen Abend zu hause oder gehen auch
gerne mal aus. Ludwig ist fast immer dabei, da viele Bars und
Restaurants sehr Hundefreundlich sind.

Wieso passen wir so gut zusammen?
Weil Ludwig ein sehr menschenbezogener und kinderlieber
ruhiger Geselle ist und deshalb auch super in den Salon passt.

Björn mit Hund Ludwig

Das lieben wir an Berlin:
Dass ich Ludwig in viele Restaurants mitnehmen kann, es in
Berlin so viele Grünflächen gibt, wo er toben kann und
außerdem kann er auch auf meiner Abo-Karte mitfahren.

Berliner Bezirk:
Mitte

Unterbezirk:
Moabit

Lieblingsspazierstrecke im Kiez:
Wir gehen oft in den Kleinen Tiergarten oder den Fritz-Schloss-
Park.

Herrchen:
Björn,
Inhaber
Friseursalon,
33 Jahre
*www.kaiserschnitt-
berlin.de*

Ausflugstipp innerhalb Berlins:
Ab in den großen Tiergarten oder in die Jungfernheide in den
großen Hundeauslauf ansonsten, auch gerne in den
Grunewald oder ins Berliner Umland, da gibt es viele Wiesen,
Wege und Seen, wo Ludwig laufen, spielen und vor allem viel
schnüffeln kann.

Hund:
Ludwig,
Basset Hound,
1 Jahr

Unser Tipp für Berlin mit Hund:
Tierpark Berlin zum Hundetag

Marianne mit Hund Buddy

Berliner Bezirk:
Treptow-Köpenick

Unterbezirk:
Köpenick

Frauchen:
Marianne Güldener

Hund:
Buddy
(Westhighland
White Terrier)

Wie sieht ein typischer Tag bei uns aus?
Spielen , spazieren & einfach nur genießen und viel kuscheln.

Wieso passen wir so gut zusammen?
Buddy ist ein sehr ruhiges Tier, der sehr liebe Seiten hat und ich finde bei ihm immer Trost und Freude. Er ist wie ein kleines Überraschungsei. Man weiß nie, was er als nächstes für ein Schabernack macht .

Was lieben wir an Berlin:
In unserer Stadt sieht man immer gerne einen kleinen weißen Hund. Die Vielseitigkeit die diese Stadt bietet.

Lieblingsspazierstrecke im Kiez:
Bei uns in Köpenick fließt die Dame, dort kann sich mein kleiner austoben und wenn er Lust hat, im Sommer auch schwimmen lernen. Ohne Leine lässt es sich natürlich besser laufen.

Unser Ausflugstipp in Berlin:
Der Müggelsee ist groß, hat viel grün und Buddy kann rennen und sich auspowern.

Unser Tipp für Berlin mit Hund:
Wichtig: immer Beutel fürs Geschäft mitnehmen.
Bei manchen Plätzen in Berlin ist Leinenpflicht für jeden Hund. Am besten den Hund immer mithaben und ihm diese schöne Stadt zeigen. (in unserem Fall niemals das Unionhalstuch vergessen, damit man sieht,
dass wir eisern sind)

Wie sieht ein typischer Tag bei uns aus?
Stress pur! Felix legt sich morgens erstmal auf mein Kopfkissen und wartet geduldig bis Herrchen gewaschen und geföhnt sein Futter kocht, verpackt und endlich die Schuhe anzieht. Beim ersten Zurren der Schnürsenkel geht's wedelnd an die Tür mit aufforderndem Blick: „Immer noch nicht fertig?" Schnell eine Runde am Fluss entlang und ab mit dem Auto ins Atelier. Felix bewacht mich dann den ganzen Tag bei der Arbeit und freut sich riesig Abends „endlich" wieder nach hause zu dürfen...

Klaus mit Hund Felix

Wieso passen wir so gut zusammen?
Er ist schön, riecht gut und haart nicht und begleitet mich seit seiner Geburt auf Schritt und Tritt.

Das lieben wir an Berlin:
Der kurze Weg ins Umland, mit den Seen und Wiesen.

Berliner Bezirk:
Mitte

Lieblingsspazierstrecke im Kiez:
Felix liebt seine Meile am Spreeufer, direkt vor der Haustür.

Unterbezirk:
Hansaviertel/
Moabit

Ausflugstipp innerhalb Berlins:
Am liebsten in den Grunewald mit anderen Hunden toben im See und dann mit Herrchen im Biergarten einkehren.

Herrchen:
Klaus Unrath,
Designer
Unrath&Strano,
42 Jahre

Unser Tipp für Berlin mit Hund:
Immer schön lächeln

Hund:
Felix,
Irish soft coated
wheaten Terrier,
8,5 Jahre

Andrée mit Hund Albert

Berliner Bezirk:
Neukölln

Unterbezirk:
Neukölln

Herrchen:
Andrée Mera López,
Gestalter, 47 Jahre

Hund:
Albert, Königspudel,
7 Jahre

Wie sieht ein typischer Tag bei uns aus?
Aufstehen – Albert zuletzt – und frühstücken, dann frisch machen und raus zur Morgenrunde. Danach arbeite ich am Schreibtisch, während Albert döst oder spielt. Nachmittags drehen wir dann eine ausgedehnte Runde von mindestens 3-4 Stunden durch's Berliner Grün. Wieder zuhause angekommen arbeite ich noch etwas am Schreibtisch, während Albert nach dem Abendessen einen Kauknochen bearbeitet und dann einschläft. Vor der guten Nacht geht's dann jedoch noch mal ins nächtliche Grün…

Wieso passen wir so gut zusammen?
Gegensätze ziehen sich bekanntlich an.

Das lieben wir an Berlin:
Es ist irgendwie „untypisch deutsch" und doch wieder „ur-deutsch". Ich mag mein Viertel, da die Menschen das Herz am rechten Fleck haben.

Lieblingsspazierstrecke im Kiez:
Spreeweg zwischen Treptower und Görlitzer Park.

Ausflugtipp innerhalb Berlins:
Schanzenwald und Murellenschlucht in Charlottenburg.

Unser Tipp für Berlin mit Hund:
Entdecke die Möglichkeiten, denn hier hast du sie.

Wie sieht ein typischer Tag bei uns aus?
Morgens fressen um 8 Uhr, dann eine Runde durch den Park
Lessinghöhe, der direkt vor der Haustür liegt. Anschließend
zur Uni, um dort dann zu dritt den spannenden Vorlesungen
zu lauschen und am Nachmittag in den Grunewald , nach
Rudow oder Potsdam, um den Hunden ihr jagdliches Training
abzuverlangen. Danach gemütlich Heim und essen und das
alles mit den öffentlichen Verkehrsmitteln oder zu Fuß.

Saskia mit Hund Gipsy

Warum passen wir so gut:
Weil beide Hunde sowohl Aktion als auch Kuscheln lieben und
wir uns einfach nicht vorstellen können, jemals wieder ohne
unsere kanadischen entenanlockenden Apportierer zu leben.

Das lieben wir an Berlin:
Dass man den Hund fast überall mit hinnehmen kann ...

Berliner Bezirk:
Neukölln

Lieblingsspazierstrecke im Kiez:
Durch die Lessinghöhe über die Thomasstraße auf zum
Tempelhofer Feld.

Unterbezirk:
Neukölln

Ausflugsziel innerhalb Berlins:
Auslaufgebiet am Flughafensee Tegel, super mit der U6
zu erreichen.

Frauchen:
Saskia,
Tiermedizin
Studentin;
Carolin,
Friseurin

Unser Tipp für Berlin mit Hund:
Dazu sagen wir nur sämtliche Gewässer, Gewässer, Gewässer!

Hunde:
Gipsy 4 Jahre und
Piktook's Diamond
Ted 8 Monate beide
Nova Scotia Duck
Tolling Retriever

141

Gabi mit Hund Rocky

Berliner Bezirk:
Neukölln

Unterbezirk:
Buckow

Frauchen:
Gabi Durawe,
Rentnerin,
56 Jahre

Hund:
Rocky,
Tibet-Terrier,
13 Jahre

Wie sieht ein typischer Tag bei uns aus?
Nicht vor 9 Uhr wecken, Gassi gehen, Frühstücken, dann Haushalt, Hund ruht. Mittags ab auf die Wiese mit anderen Hunden spielen.

Wieso passen wir so gut zusammen?
Wir verstehen uns wie „Bolle", Hund weiß, wann ich traurig bin und umgekehrt. Keiner von uns läßt sich verbiegen.

Das lieben wir an Berlin:
Seine grünen Felder, wo man ohne Leine laufen kann. Großziethen.

Lieblingsspazierstrecke im Kiez:
Morgens und Abends Fritzerlerstraße das Revier abstecken.

Ausflugstipp innerhalb Berlins:
Rudower-Höhe

Unser Tipp für Berlin mit Hund:
Rudower-Fließ und die Felder von Großziethen.

Wie sieht ein typischer Tag bei uns aus?
Morgens um halb sechs, wenn Berlin noch schläft, machen wir
einen kleinen Spaziergang im Wäldchen vor unserer Haustür.
Wenn ich dann arbeiten gehe, wird Raya von einem Dogwalker
abgeholt und erlebt ein paar schöne und ausgelassene
Stunden im Hundeauslaufgebiet Grunewaldsee. Nachmittags
genießen wir die Zeit zusammen und abends gibt es noch eine
Runde durch unsere Siedlung.

Wieso passen wir so gut zusammen?
Weil wir so unterschiedlich sind - Gegensätze ziehen sich eben
an.

Svenja mit Hund Raya

Das lieben wir an Berlin:
Dass es mitten in der Hauptstadt auch schöne grüne Ecken für
Hundebesitzer gibt.

Berliner Bezirk:
Neukölln

Lieblingsspazierstrecke im Kiez:
Das kleine Waldstückchen an meiner alten Grundschule
zwischen der Tischlerzeile und dem Buckower Damm.

Unterbezirk:
Britz

Ausflugstipp innerhalb Berlins:
Hundeauslaufgebiet am Grunewaldsee – Wasser, Wald und
viele Spielgefährten.

Frauchen:
Svenja, 23 Jahre
Angestellte im
öffentlichen Dienst

Unser Tipp für Berlin mit Hund:
Die Lighthunde-Tour beim Festival of Lights in Berlin.

Hund:
Raya,
Deutscher
Schäferhund,
3 Jahre

Angelika mit Hund Lotti

Berliner Bezirk:
Neukölln

Unterbezirk:
Rudow

Frauchen:
Angelika,
Beamtin,
64 Jahre

Hund:
Lotti,
brandenburger
Senfhund,
5 Jahre

Wie sieht ein typischer Tag bei uns aus?
Morgens eine große Runde durch Rudow (ca. zwei Stunden).
Anschließend eine Portion Körnerkäse, danach ein Schläfchen
in meiner Lieblingsecke. Bei schönem Wetter bin ich immer im
Garten und will ganz viel Ball spielen. Am Abend trifft sich
mein Frauchen mit zwei Hundefreundinnen und ihren Hunden
Abby und Billy. Gemeinsam wird dann gelaufen, erzählt,
gespielt und geschnuppert.

Wieso passen wir so gut zusammen?
Lotti ist ein lustiger Hund, bellt zuhause nicht, liebt ihre Familie
und freut sich über jeden Besuch.

Das lieben wir an Berlin:
Dass wir immer ein grünes Plätzchen zum Spielen finden.

Lieblingsspazierstrecke im Kiez:
Die überbaute Stadtautobahn an der Rudower Höhe.

Ausflugtipp innerhalb Berlins:
Der Grunewaldsee zum Baden und ganz viele Hunde zum
Spielen, natürlich immer ohne Leine.

Unser Tipp für Berlin mit Hund:
Das Tempelhofer Feld.

Wie sieht ein typischer Tag bei uns aus?

Morgens um 5.30 Uhr geht´s mit Herrchen und Frauchen das erste Mal raus. Nach einer großen Schnupperrunde wird noch ein bisschen durch den Garten getobt. Daki liebt es dort seine Rennbahn zu ebnen ;-). Dann auf dem Wohnzimmerplätzchen weiter schlafen bis ca. 12 Uhr. Da kommen die "Großeltern" und toben 2-3 Stunden mit Daki. Schlafen. Nachmittags mit Herrchen und Frauchen eine ausgiebige Runde, abends bin ich richtig fit und freue mich über Leckerli-Spiele und ausgiebige Kuscheleinheiten.

Silke mit Hund Daki

Wieso passen wir so gut zusammen?

Es war wohl einfach Schicksal. Daki war über zwei Jahre völlig verängstigt in einem Tierschutzverein in der Türkei und hatte kaum Kontakt zu Menschen. Wir haben ihn besucht und es war Liebe auf den ersten Blick. Mit ganz viel Geduld gewinnt er immer mehr Vertrauen und seine und unsere ruhige Art ergänzen sich perfekt.

Das lieben wir an Berlin:

Dass hier so viel Spannendes passiert und Daki hier gemeinsam mit uns so viel tolles Neues kennenlernen kann und erlebt, was es heißt, Spaß im Leben zu haben!

Lieblingsspazierstrecke:

Entlang des Teltow-Kanals

Ausflugstipp innerhalb Berlins:

Wir trainieren noch mit Daki, da er aufgrund seiner Vorgeschichte noch kein Auto besteigt.

Berliner Bezirk:
Neukölln

Unterbezirk:
Rudow

Frauchen:
Silke, Marketing-assistentin, 36 Jahre

Hund:
Daki, lustige türkische Mischung evtl. anatolischer Windhund Sloughi/ Saluki, Golden Retriever? 03/2012 mit ca. 2 Jahren von einer Tierschützerin aus der Türkei mitgenommen.

145

Michael mit Hund
Napoleon

Berliner Bezirk:
Pankow

Unterbezirk:
Wilhelmsruh

Herr-/Frauchen:
Michael Klotzbier,
Key Account
Consultant,
33 Jahre
Tekla Peters-
Klotzbier,
Fremdsprachen-
assistentin

Hund:
Napoleon,Mops-
Jack Russel Terrier-
Mischling,
4,5 Jahre

Wie sieht ein typischer Tag bei uns aus?
Napoleon war bis vor kurzem noch berufstätig und in einer
kleinen Agentur als Bürohund in Kreuzberg angestellt.
Verantwortlich für die Kunden Fressnapf und zooplus hat er
den Umsatz in den Programmen verantwortet. Mittlerweile
macht er ein Sabbat-Halbjahr bei seinen Großeltern in Fulda.
Napoleon hasst es, früh aufzustehen und gebadet zu werden.
Seine Abneigung gegen Wasser geht sogar so weit, dass er
nicht gern bei Regen Gassi geht. Er liebt sein Schmacko-Fax,
am Kinn und am Bauch gestreichelt werden und spielen mit
Ball, Frisbee und Stöckchen sowie Leberwurst natürlich.

Wir passen gut zusammen, weil:
Die Mischung zwischen Mops und Jacky genau meinen
Charakter widerspiegelt.

Wir lieben an Berlin:
die verschiedenen Stadtteile, mit den verschiedenen Parks und
Hündinnen, die wir beim Gassi-Gehen treffen, sowie die
Sehenswürdigkeiten vor denen wir uns fotografieren.

Lieblingssparziergang im Kiez:
Garibaldi-Park und der Weg zum Russen-Denkmal in der
Schönholzerheide.

Unser Tipp für Berlin mit Hund:
Volkspark am Friedrichshain

Wie sieht ein typischer Tag bei uns aus?

Eine lange Gassi-Runde über den Falkplatz und den Mauerpark oder ins Hundeauslaufgebiet Arkenberge. Dabei muss Abby vielen Hundefreunden „guten Morgen" sagen. Danach ab mit Abby ins Büro. Mittags eine „Kantinen-Gassi-Pause" in der „Kohlenquelle". Bei Terminen außer Haus ist Abby mit dabei. Abends einen langen Rundgang durch den Kiez mit Besuchen bei Bekannten mit Läden. Zuhause landen alle auf dem Sofa: Ich, Abby und noch die Katzen Harold & Maude – totale Idylle. Bei auswertigen Abendessen ist Abby dabei und ganz brav... der perfekte Hauptstadthund.

Sima mit Hund Abby

Wieso passen wir so gut zusammen?

Ganz klar – weil wir durch Abby's entspannte Art und ihre Körpergröße so gut wie alles gemeinsam machen können!

Das lieben wir an Berlin:

In Berlin kann man 1001 neue Wege gehen – es gibt so viele Parks zu entdecken, dass es im Grunde kein Ende gibt.

Lieblingsspazierstrecke im Kiez:

Über den Arnimplatz rüber in die Bornholmer Gärten von dort über den Grünstreifen an der Norwegerstraße und über den Schwedter Steg in den Mauerpark und über das Jahnstadion zurück – 1,5 Std., viel Abwechslung.

Ausflugstipp innerhalb Berlins:

Hundeauslaufgebiet Pichelswerder – toller flacher Strand - hier lernt Abby gerade schwimmen. Auf dem Rundgang gibt es zwei sehr nette Lokale am Wasser – also für alle Beteiligten etwas dabei!

Unser Tipp für Berlin mit Hund:

Das Kleinhundetreffen in Berlin-Lichtenberg für Hunde von 35 cm. Herrchen und Frauchen „fachsimpeln". Derweil beim Kaffee.

Berliner Bezirk:
Pankow

Unterbezirk:
Prenzlauer Berg

Frauchen:
Sima Waaser,
Designerin für
Katzenmöbel,
44 Jahre

Hund:
Abby,
Pudelmix,
2,5 Jahre

147

Freerke mit Hund Smilla

Berliner Bezirk:
Pankow

Unterbezirk:
Französisch
Buchholz

Frauchen:
Freerke de Buhr
Inhaberin Fides
Hundeschule Berlin

Hund:
Fräulein Smilla,
Border Collie Corgie
Mix,
5 Jahre

Wie sieht ein typischer Tag bei uns aus?
Während ich gegen 7.00 Uhr aufstehe, bleibt Smilla liegen, bis das Frühstück fertig ist. Um 8.00 Uhr treff ich mich mit anderen zur Hunderunde. Dann geht's zu Hundekunden. Mittags gibt es eine große Runde, mal mit Fahrrad, mal zu Fuß. Nachmittags geht's wieder zu Hundekunden und danach gibt es ein weitere Smillarunde. Abends wird die Büroarbeit erledigt, manchmal hilft Smilla, indem sie den Kopf auf die Tastatur legt und mich an eine Pause erinnert. Eine kurze Abendrunde und ab ins Bett.

Wieso passen wir so gut zusammen?
Wir sind beide sehr lebendig und können genauso gut entspannen.

Das lieben wir an Berlin:
Alles bis auf Rücksichtslosigkeit.

Lieblingsspazierstrecke im Kiez:
Von mir bis Arkenberge ist es eine halbe Stunde Fußmarsch.

Ausflugstipp innerhalb Berlins:
Die Panke entlang, Arkenberge, Buch, Unter den Linden lang, die schönste Straße Berlins, Kiezerforschung, Plänterwald, Grünau

Unser Tipp für Berlin mit Hund:
Berlin ist sehr hundegeeignet – nehmt mehr Rücksicht aufeinander...

Wie sieht ein typischer Tag bei uns aus?
Cosmo schläft morgens gerne länger - das kommt mir
entgegen, ich auch. Frühstück machen ist immer spannend -
weil oft was „runterfällt" - dann ab auf das Fahrrad und in den
Mauerpark. Danach arbeitet Herrchen etwas am Computer -
während Cosmo die Augen ausruht. Spätestens um 13.00 Uhr
wird Hund dann aber wieder wach und besteht auf ein
weiteres Gassi. Das verbinden wir meist mit essen gehen, weil
Herrchen nicht kocht und als selbständiger auch keine Kantine
hat. Danach gemeinsam gemütlicher Mittagsschlaf - 20min
Power Napping - ein eingespielter Ablauf . Dann wieder
Arbeit...

Sebastian mit Hund
Cosmo

Wieso passen wir so gut zusammen?
Wir schlafen beide gerne - und haben uns über die Bettseiten
einigen können,- und er zwingt mich regelmäßig meine Arbeit
auch mal zu unterbrechen und an die Luft zu gehen.

Berliner Bezirk:
Pankow

Das lieben wir an Berlin:
Cosmo: das soviel gegrillt wird im Mauerpark, Ich: Die vielen
Kreativen Leute und die Toleranz (Gleichgültigkeit?).

Unterbezirk:
Prenzlauer Berg

Lieblingsspazierstrecke im Kiez:
Mauerpark, weil er vor meiner Tür ist.

Herrchen:
Sebastian Roth,
Musik-Produzent,
Alterslos

Ausflugstipp innerhalb Berlins:
Plänterwald, Wald und Wasser

Hund:
Cosmo, Australien
Cattle Dog MIX,
11 Jahre

Unser Tipp für Berlin mit Hund:
Festival of Light Hunde Führung. Cosmo sagt: man muss bei
den Grillwürsten schnell sein - Herrchen gönnt einem keinen
Fund, wenn er´s merkt.

149

Susanne
mit Hund Pebbles

Berliner Bezirk:
Pankow

Unterbezirk:
Weißensee

Frauchen:
Susanne Leydecker,
42 Jahre,
Tierbetreuung und
Hundkita-
Gruppenleiterin

Hund:
Pebbles,
Kern Terrier-Yorky –
Jack Russel Mix
5 Jahre

Wie sieht ein typischer Tag bei uns aus?
Morgens um 7 Uhr geht die Türe der Hundekita auf und dann geht es los – ein wilder Tag mit Spiel, Spaß und Spannung, sowie ausreichend Schmuseeinheiten.

Wieso passen wir so gut zusammen?
Weil wir beide Blondinen sind!

Das lieben wir an Berlin:
Das viele Grün und das viele Wasser und natürlich die vielen Hundekumpel.

Lieblingsspazierstrecke im Kiez:
Weißensee Rundgang mit Kaffee für Frauchen und schwimmen für Pebbles.

Ausflugstipp innerhalb Berlins:
Arkenberge/Grunewald und Tegeler Forst.

Unser Tipp für Berlin mit Hund:
Tierpark Berlin, Erlebnis für Hund und Leinenhalter.

Wie sieht ein typischer Tag bei uns aus?

Wir schlafen beide gerne, tatsächlich muss in der Mehrzahl ich ihn wecken und dann geht es auch schon los. Eine schöne große Runde, am Lieblingsbäcker vorbei und jeder trägt seine Brötchentüte nach Hause. Abends kommt die Auslauftour durch Wälder, zu einem Feld oder See oder in die Sandberge. Dann wird noch ausgiebig auf der Couch gekuschelt, bis jeder in sein Bettchen verschwindet.

Sarah mit Hund Simba

Wieso passen wir so gut zusammen?

Weil wir nahezu auf demselben Energieniveau sind und uns gegenseitig begeistern können. Wir sind immer füreinander da; ein Geben und Nehmen.

Das lieben wir an Berlin:

Es ist eine unglaublich abwechslungsreiche Stadt und Hunde sind vielerorts gerne gesehen. Außerdem bietet Berlin für eine Großstadt sehr viel Natur.

Berliner Bezirk:
Reinickendorf

Unterbezirk:
Heiligensee

Lieblingsspazierstrecke im Kiez:

Jungfernheide und Steinbergpark

Ausflugstipp innerhalb Berlins:

Pichelswerder / Stößensee; Ein schöner Waldspaziergang endet an einem Strand an dem Mensch und Hund herumtollen und im Wasser schwimmen, spielen und toben können.

Frauchen:
Sarah,
Medizinisch-technische Laboratoriumsassistenten und Studentin,
26 Jahre

Unser Tipp für Berlin mit Hund:

Aus der Stadt raus in die Natur, evtl. an einer „Schnitzeljagd" für Mensch und Hund teilnehmen, sich an einen See legen oder vor der Hitze in den Wald fliehen. Im Winter gemeinsam mit Schneespielzeug, Bellen und Lachen das Grau der Stadt auflockern.

Hund:
Simba, Mischling: Boxer und Dogge,
1,5 Jahre

151

Mandy mit Hund Cyra

Berliner Bezirk:
Reinickendorf

Unterbezirk:
Atl-Tegel

Frauchen:
Mandy,
Studentin,
25 Jahre

Hündin:
Cyra, Schäferhund-
Collie-Mischling,
14 Jahre

Wie sieht ein typischer Tag bei uns aus?
Um 7 Uhr aufstehen, dann gehen wir die Frühstücks-Gassi-Runde, danach geht's dann in die Uni. Danach wird sich in der Nachmittagsrunde ausgiebig die Beine vertreten (ausgiebig, insofern das für eine ältere Dame noch möglich ist), anschließend wird gepaukt mit Kuschelpausen (oder doch gekuschelt mit Lernpausen?), dann gibt's die Abendrunde mit anschließendem Abend(fr)essen und um 0 Uhr die letzte Nachttopf-Runde.

Wieso passen wir so gut zusammen?
Weil wir von Anfang an unzertrennlich und ein Herz und eine Seele waren. Es passte einfach und war Liebe auf den ersten Wuff.

Das lieben wir an Berlin:
Dass es hier soooo viele verschiedene Hunde zum Spielen gibt und es hier allgemein sehr hundefreundlich ist (Auslaufgebiete, Hundeplätze, Kot-Beutel-Mülleimer).

Lieblingsspazierstrecke im Kiez:
Die Waldwege rund um den Tegeler See.

Ausflugtipp innerhalb Berlins:
Unser Favorit: das Auslaufgebiet im Grunewald; mit 810 Hektar das größte zusammenhängende Hundeauslaufgebiet Berlins mit Hundebadestelle.

Unser Tipp für Berlin mit Hund:
Im Sommer, mit Sonnenschein unter blauem Himmel gemütlich am Hundestrand lümmeln und da im Wasser spielen.

Wie sieht ein typischer Tag bei uns aus?
Ein typischer Tag besteht für uns darin nach dem Frühstück für
Menschen schön spazieren zu gehen, um dann das
Hundefrühstück einzunehmen und auszuruhen, während mein
Mensch arbeitet. Am Nachmittag geht es dann wieder raus
zum Üben und Toben. Am Abend gibt es nochmal etwas zu
futtern und nach der Nachtrunde geht es dann ab ins
Hundebett.

Ramona und Mexx

Wieso passen wir so gut zusammen?
Weil wir einfach ein Herz und eine Seele sind, beide unheimlich
gerne draußen sind und wir uns super aufeinander eingestellt
haben.

Das lieben wir an Berlin:
Berlin ist die großartigste Stadt der Welt! Überall gibt es tolle
Plätze und interessante Menschen und ihre Hunde.

Berliner Bezirk:
Reinickendorf

Lieblingsspazierstrecke im Kiez:
Am liebsten gehen wir im Hundeauslaufgebiet Jungfernheide
und am Hohenzollernkanal spazieren.

Unterbezirk:
Tegel

Frauchen:
Ramona,
29 Jahre,
Linguistin

Ausflugstipp innerhalb Berlins:
Schwer zu sagen, da wir uns schon so vieles in Berlin
gemeinsam angesehen haben. Besonders schön fanden wir
es am Wannsee entlang der Uferpromenade.

Hund:
Mexx,
Rhodesian
Ridgeback,
3 Jahre

Unser Tipp für Berlin mit Hund:
Mit einem gut erzogenen Hund lebt es sich hier definitiv
leichter!

Mario mit Hund Balou

Berliner Bezirk:
Reinickendorf

Unterbezirk:
Reinickendorf

Herr-/Frauchen:
Sabine,
Angestellte,
40 Jahre
Mario,
Beamter,
45 Jahre

Hund:
Balou,
Eurasiermix,
2,5 Jahre

Wie sieht ein typischer Tag bei uns aus?
Morgens einen schönen Spaziergang, weil Frauchen und
Herrchen danach arbeiten gehen müssen. Mittags ist
Frauchen aber schon wieder zu Hause, dann geht es in den
Wald, zum powern und toben. Zu Hause dann knuddeln ohne
Ende. Abends geht's dann mit Herrchen zusammen raus und
es wird Ball gespielt, danach lassen wir alle erschöpft den Tag
auf der Couch ausklingen.

Wieso passen wir so gut zusammen?
Weil wir so ein Dreamteam sind, welches sich auch ohne vieler
Worte versteht!

Das lieben wir an Berlin:
Die vielen grünen Flecken, die Berlin als Hauptstadt
zu bieten hat.

Lieblingsspazierstrecke im Kiez:
Der schöne Kienhorstpark mit tollen, grünen Wiesen.

Ausflugstipp innerhalb Berlins:
Pichelswerder, weil dort nicht nur Hundeauslauf, sondern auch
ein supertoller Hundestrand ist.

Unser Tipp für Berlin mit Hund:
Nach einen Besuch beim Frohnauer Hundefleischer, wo es
immer was Leckeres zu verkosten gibt, ab in den
Frohnauer Wald.

Wie sieht ein typischer Tag bei uns aus?
Morgens erst einmal in den Garten und die beiden Gänse aus
dem Stall lassen und rumtollen! Dann die Hunderunde!
Nachmittags und abends das Gleiche, dann bringt Sammy die
Gänse wieder in den Stall.

Wieso passen wir so gut zusammen?
Wir haben uns vor einem Jahr im Tierheim gesehen und sofort
verliebt! Er ist ein toller gehorsamer verschmuster Kamerad
mit Hundeschule! Er kann überall mit!

Das lieben wir an Berlin:
Viel Auslaufmöglichkeiten und Grünflächen.

Lieblingsspazierstrecke im Kiez:
Tegeler Fließ und Hundeparcour und Hundeboltzplatz

Ausflugstipp innerhalb Berlins:
Tegeler See und Forst! (Auslaufgebiet)

Unser Tipp für Berlin mit Hund:
Haltet Euch an den Leinenzwang und sammelt die
Hinterlassenschaften ein, keiner tritt da gerne rein!
Wir auch nicht.

Uschi und Frank
mit Hund Sammy

Berliner Bezirk:
Reinickendorf

Unterbezirk:
Hermsdorf

Herr-/Frauchen:
Uschi & Frank
Missfeldt

Hund:
Sammy,
Corgi Schelti Mix,
4 Jahre

155

Jacqueline mit Hunden
Nika und Thani

Berliner Bezirk:
Reinickendorf

Unterbezirk:
Reinickendorf

Frauchen:
Jacqueline
Hafermann,
31 Jahre
und 24 Std für die
Hunde da

Hund:
Nika 3,5 Jahre,
Thani 2,5 Jahre,
beide Magyar Vizsla

Wie sieht ein typischer Tag bei uns aus?
Die Hunde schlafen sich aus, dann geht's zur Gassirunde, wo durch Training beide ihr Futter bekommen.

Wieso passen wir so gut zusammen?
Weil wir uns super ergänzen.

Das lieben wir an Berlin:
Die vielen Auslaufmöglichkeiten und die Wälder.

Lieblingsspazierstrecke im Kiez:
Kienhorstpark

Ausflugstipp innerhalb Berlins:
Auslaufgebiet Tegler Forst, Arkenberge oder Pichelswerder.

Unser Tipp für Berlin mit Hund:
Teufelsberg

Wie sieht ein typischer Tag bei euch aus?
Morgens eine große Runde durch unsere Siedlung. Danach
wird gefrühstückt, ausgeruht und geschlafen. Wenn Frauchen
auf der Arbeit ist, warten wir ganz lieb zuhause. Aber wenn sie
wieder kommt, dann machen wir immer eine zweistündige
Hunderunde. Da ist alles drin, was das Hundeherz begehrt.
Spiel, Spannung und Unterhaltung. Und den Abend lassen wir
oftmals auf der Couch ausklingen.

Wieso passen wir so gut zusammen?
Speedy, ist wie ich immer gut gelaunt und für jeden Spaß zu
haben. Shane, meine kleine verrückte Nudel, passt super zu
mir und Speedy.

Julia mit Hunden
Speedy und Shane

Das lieben wir an Berlin:
Die hundefreundlichen Auslaufgebiete.

Lieblingssparzierstrecke im Kiez:
Hahneberg, Hakenfelde, Bullengraben

Ausflugstipps innerhalb in Berlin:
Grundewald in der Sommerzeit

Unser Tipp für Berlin mit Hund:
Berliner Tierpark

Berliner Bezirk:
Spandau

Unterbezirk:
Wilhelmstadt

Frauchen:
Julia,
Beikoch Azubi,
24 Jahre

Hunde:
Speedy,
JRT/Schnauzer,
7 Jahre;
Shane,
Jack Russell Terrier
5 Jahre

Katja mit Hund Tyler

Wie sieht ein typischer Tag bei uns aus?
Immer der Spürnase nach auf der Suche nach was Leckerem zu futtern, spannenden Abenteuern und neuen Bekanntschaften. Am liebsten flitzen wir mit unserem Pferd Karl-Heinz durch die Wälder Brandenburgs. Da kommt der Mops-Popo so richtig in Fahrt, was mir so schnell kein anderer Hundekumpel nachmacht. Zwischendurch lieben wir natürlich immer wieder ganz viele Kuscheleinheiten.

Wieso passen wir so gut zusammen?
Wir haben beide die gleiche Frisur, unsere Leidenschaft zur Bewegung, unser Spaß an der Natur und unsere Liebe zu Pferden.

Berliner Bezirk:
Spandau

Das lieben wir an Berlin:
Die Vielseitigkeit einer belebten und wunderbar grünen Großstadt.

Unterbezirk:
Spandau

Lieblingsspazierstrecke im Kiez:
Um den Südpark rüber zum Yachthafen an der Scharfen Lanke.

Frauchen:
Katja Schmiede,
Sozialversicherungs-
fachangestellte,
33 Jahre

Ausflugtipp innerhalb Berlins:
Tegeler See, diverse Strandbars, Regierungsviertel, Hafen Köpenick, Müggelsee, Potsdamer Platz

Unser Tipp für Berlin mit Hund:
Mit dem Rad (vorne im Körbchen) immer an der Havel entlang, von der Spandauer Altstadt zum Hafen Kladow, den Wind um die Nase wehen lassen mit Rast im Biergarten.

Hund:
Mr. Tyler Jones,
Mops-Jack-Russel-
Pekinesen-Mix,
2 Jahre

Wie sieht ein typischer Tag bei uns aus?

07.00 Uhr aufstehen, warten bis Herrchen aus dem Bad kommt. Halsband anlegen. K….cktüte mitnehmen und ab zur ersten kurzen Gassirunde. Mit Herrchen und Frauchen frühstücken. Auf geht's danach zur großen Runde (90 bis 120 Minuten) nur mit Frauchen und Nachbarhund. Dann faulenzen. Gegen 11.00 Uhr fressen. (Nierenschonfutter) Habe nur noch eine Niere. Mittagspause bis drei Uhr, dann Herrchenrunde. Wieder faulenzen, 18.30 Uhr Abendfressen. Fernsehgucken und die letzte Gassirunde um 22.00 Uhr.

Wieso passen wir so gut zusammen?

Weil wir von Geburt an unsere gegenseitigen Macken kennen und mögen.

Günter mit Hund Atlanta

Das lieben wir an Berlin:

Das großstädtische Flair mit so viel Grün, nicht nur in den Außenbezirken!

Lieblingsspazierstrecke im Kiez:

An der Fernbahnstrecke bis Stadtgrenze, Herlitzwiesen und durch Staaken retour.

Ausflugstipp innerhalb Berlins:

Ab in den Spandauer Stadtforst mit Hundeauslaufgebiet, um viele andere Kumpels zu treffen und im Biergarten ne Molle zu zischen. (Nähe Johannesstift)

Unser Tipp für Berlin mit Hund:

Auch mal mit Hund und dem Zug ins Umland fahren!

Berliner Bezirk:
Spandau

Unterbezirk:
Staaken

Herrchen:
Günter Brennecke,
Pensionär,
68 Jahre

Hund:
Atlanta from House
of Lincoln,
Hovawart,
7Jahre

Claudia mit Hund Laila

Berliner Bezirk:
Spandau

Unterbezirk:
Falkenhagener Feld

Frauchen:
Claudia, Sekretärin,
44 Jahre

Hund:
Laila, Irish-Setter-
Labrador-Mix,
12 Jahre

Wie sieht ein typischer Tag bei uns aus?
Morgens drehen Frauchen und ich eine Runde. Danach gibt es Frühstück und ich freue mich darauf, im Garten zu faulenzen, andere Hunde am Zaun zu begrüßen und ab und an eine Katze zu verscheuchen. Wenn die Kinder nach Hause kommen, spielen sie Ball mit mir. Später begleite ich meine Familie zu unserem Pony, treffe dort auch Artgenossen. Abends werde ich mit Streicheleinheiten verwöhnt.

Wieso passen wir so gut zusammen?
Durch ihren freundlichen Charakter und ihr liebes Wesen ist Laila ein angenehmer und verlässlicher Familien- und Begleithund.

Das lieben wir an Berlin:
Dass man nicht weit laufen muss, um im Grünen zu sein.

Lieblingsspazierstrecke im Kiez:
Der Kiesteich, weil Laila eine Wasserratte ist und immer wieder gern ins kühle Nass springt.

Ausflugstipp innerhalb Berlins:
Das Hundeauslaufgebiet Siemenswerder, weil Hunde dort auch in der Havel baden dürfen.

Unser Tipp für Berlin mit Hund:
Ein Spaziergang durch die Rieselfelder in Gatow.

Wie sieht ein typischer Tag bei uns aus?
Morgens eine Runde übers Feld in Staaken, Frauchen geht arbeiten und dreht danach noch eine Runde mit Spiel und Spaß. Abends wird dann „allerhund" geübt und einmal die Woche besuchen wir eine alte Dame für einen Besuchshundeverein.

Wieso passen wir so gut zusammen?
Dakota und ich wurden zusammen „groß". Er zeigte mir erst, was ein Hund braucht und was mir fehlte.

Das lieben wir an Berlin:
Das Dakota es immer wieder schafft, mir die netten Berliner zu zeigen.

Andrea mit Hund Dakota

Lieblingsspazierstrecke im Kiez:
Hakenfelde Auslaufgebiet – Wasser, Wald, vieeeele Stöckchen.

Ausflugstipp innerhalb Berlins:
Im Sommer definitiv das Auslaufgebiet Pichelswerder. Badespaß für Hund und Frauchen.

Unser Tipp für Berlin mit Hund:
Ehrenamtliche Arbeit mit Hund – gibt es in Berlin noch viel zu wenig.

Berliner Bezirk:
Spandau

Unterbezirk:
Hakenfelde

Frauchen:
Andrea Hannig,
Verwaltungs-
angestellte,
28 Jahre

Hund:
Dakota,
Border Collie Mix,
7 Jahre

161

Sonja mit Hund Blue

Berliner Bezirk:
Spandau

Unterbezirk:
Staaken

Frauchen:
Sonja Mertsch,
42 Jahre

Hund:
Blue,
Border Collie,
1,5 Jahre

Wie sieht ein typischer Tag bei uns aus?
Früh gehen wir eine Runde in den Park, nachdem der Haushalt von uns beiden erledigt ist, Blue bringt die leeren PET-Flaschen in den Keller. Dann gehen wir für ca. 2 Stunden auf das Feld, um zu spielen und Unterordnung zu üben. Anschließend ruhen wir uns aus und gehen am Abend noch eine große Runde spazieren.

Wieso passen wir so gut zusammen?
Gegensätze ziehen sich an. ;-)

Das lieben wir an Berlin:
Dass man nahezu überall seinen Hund mitnehmen kann, z.B. in Gaststätten, Bus und Bahn und Kaufhäuser oder auf dem Ausflugsdampfer.

Lieblingsspazierstrecke im Kiez:
Der nahe gelegene Park Finkenkruger Weg.

Ausflugstipp innerhalb Berlins:
Erholungspark Marzahn

Unser Tipp für Berlin mit Hund:
Der Spandauer Stadtforst ist immer ein Ausflug wert. Auch der Hahneberg lädt zum Verweilen ein.

Wie sieht ein typischer Tag bei uns aus:
Wir stehen früh auf und laufen unsere morgendliche Runde, bei der wir einige unserer Hundekumpels treffen. Zuhause, nach morgendlicher Pflege gibt es Frühstück. Dann geht Frauchen bis Mittags arbeiten und wir vertreiben uns solange die Zeit mit Herrchen und Frauchens Tochter und ihrer Hündin Emma. Nach der Mittagsmahlzeit und einem kleinen Schläfchen gehen wir spazieren. Oft fahren wir zum Hundeauslaufgebiet an den Grunewaldsee, Schlachtensee, Wannsee oder wir fahren zum Hundespielplatz nach Britz, wo wir mit anderen Artgenossen so richtig schön toben können. Nyla, besucht dort demnächst die Hundeschule, denn Frauchen findet eine gute Erziehung wichtig. Frauchen ist Tierschützerin und hilft ehrenamtlich in ihrer Freizeit in Not geratenen alten Hunden (www.alterhundnaund.de).

Wieso passen wir so gut zusammen:
Weil Nyla und Lulu ein freundliches und liebes Wesen haben, gut sozialisiert sind und Frauchen fellige Hunde wie Pudel und Malteser gut gefallen.

Das lieben wir an Berlin:
Dass Berlin eine hundefreundliche Stadt ist, es viel Natur und viel Grün gibt und viele tolle Angebote für Hunde (und auch für Menschen) gibt.

Lieblingsspazierstrecke im Kiez:
Hundeauslaufgebiet am Grunewaldsee, Schlachtensee, Krumme Lanke.

Ausflugstipps innerhalb Berlins:
Der Biergarten des Loretta am Wannsee gefällt uns im Sommer sehr gut. Nach einem schönen Spaziergang entlang am Wannsee kann man sich im Biergarten stärken, hat einen schönen Blick auf den Wannsee und für die Vierbeiner gibt es eine Hundebar.

Sonja mit Hunden
Lulu und Nyla

Berliner Bezirk:
Steglitz-Zehlendorf

Unterbezirk:
Zehlendorf

Frauchen:
Sonja

Hunde:
Lulu,
Malteser,
13 Jahre,
Nyla,
Zwergpudel,
7 Monate

163

Birgit mit Hund Kalle

Berliner Bezirk:
Steglitz-Zehlendorf

Unterbezirk:
Lankwitz

Frauchen:
Birgit, Sekretärin,
41 Jahre

Hund:
Kalle, Mischling,
20 Monate

Wie sieht ein typischer Tag bei uns aus?
Morgens will Karlchen erst einmal „Zeitung lesen", danach gibt´s Frühsport in den Parks von Lankwitz. Zuhause dann Frühstück und ne kleine Spielrunde. Manchmal kommt Kalle mit ins Büro, wenn es zu heiß ist bleibt er aber lieber faul zuhause und schläft noch ne Runde. Abends wird an der Schleppleine trainiert, viel getobt und Ball gespielt um dann nach einem dicken Knochen zufrieden einzuschlafen.

Wieso passen wir so gut zusammen?
Weil wir beide sportlich und immer für ein Späßchen zu haben sind.

Das lieben wir an Berlin:
Gemeinsam mit dem Smart durch Berlin düsen.

Lieblingsspazierstrecke im Kiez:
Bei den Berliner Bienen in der Tambacher Straße vorbei oder in den Lilienthalpark.

Ausflugstipp innerhalb Berlins:
Sightseeing für Hunde

Unser Tipp für Berlin mit Hund:
Wanderwege rund um Beelitz und Birkholz (Wald und Wasser)

Wie sieht ein typischer Tag bei uns aus?

Wir stehen auf und dann geht Titus die Jungs in der Woche wecken, ab in die Küche Futtern gehen und wenn alle aus den Haus sind, gehen wir doch erst einmal ausgiebig Hundekumpels am Grenzstreifen suchen, ab nach Hause und eine Runde Couching. Mittags und abends gehen wir nur eine kleine Runde spazieren, denn im Dunkeln ist der Titus doch eher ein kleiner Angsthase ;)

Wieso passen wir so gut zusammen?

Weil Titus es zwar liebt, ausgiebig Gassi zu gehen, doch es in einer Wohnung ansonsten vorzieht, viel zu schlafen oder zu ruhen. Er ist ein richtiges Familienmitglied geworden. Titus' Aussehen: Ohren wie Muscheln, Nase wie ein Schmetterling, Kopf groß wie eine Melone, Großmuttergesicht, Hals wie beim Nilpferd, Hintern wie beim Pferd und Beine wie beim Drachen.

Das lieben wir an Berlin:

Dass es doch noch ein paar Ecken gibt, wo Hund „Hund" sein kann ;)

Lieblingsspazierstrecke im Kiez:

Grenzstreifen, da trifft man viele Hunde Kumpels.

Ausflugstipp innerhalb Berlins:

Werder(Havel), ab ans Wasser und, wenn man will, dort ein Boot mieten, man kann Spazieren gehen, das ist Natur pur für Frauchen und Hund.

Unser Tipp für Berlin mit Hund:

Hundekehle, Grunewaldsee, Krumme Lanke und Schlachtensee – um nur ein paar der vielen Grunewald-Gewässer zu nennen. Eine wunderschöne Landschaft, ein spektakuläres Hundeauslaufgebiet und eine interessante Geschichte. Das Jagdschloss Grunewald ist nur ein Teil davon.

Martina mit Hund Titus

Berliner Bezirk:
Steglitz-Zehlendorf

Unterbezirk:
Lichterfelde

Frauchen:
Martina Haserick,
42Jahre, Hausfrau
und Mutter

Hund:
Titus von Kischberg,
Shar Pei, 5 Jahre

Axel mit Hund Ise

Berliner Bezirk:
Steglitz-Zehlendorf

Unterbezirk:
Steglitz

Herrchen:
Axel,
Krankenpfleger,
64 Jahre

Hund:
Ise,
Irish Wolfhound,
8 Jahre

Wie sieht ein typischer Tag bei uns aus?
Gegen 6 Uhr gehen wir eine Gassi Runde, anschließend schlabbert Ise Joghurtcocktail und knabbert Hundekekse. Sie ruht bis 12 Uhr, dann fahren wir raus in den Grunewald. Nach dem langen Spaziergang gibt es Leckerli. Auf die Hauptmahlzeit am Nachmittag wartet Ise ungeduldig. Gegen 20 Uhr geht es nochmal raus. Da werden von Ise die letzten Neuigkeiten in unserer Straße noch schnell erschnüffelt und kommentiert.

Wieso passen wir so gut zusammen?
Sanfte Riesin, Wesen passt zu meiner Natur.

Das lieben wir an Berlin:
Es gibt sehr schöne Hundeauslaufgebiete.

Lieblingsspazierstrecke im Kiez:
Von der Schlossstraße in Steglitz bis zur Eierschale in Dahlem, ein Bier trinken und wieder zurück.

Ausflugtipp innerhalb Berlins:
Schlachtensee und Fischerhütte, Krumme Lanke und Hundekehle.

Unser Tipp für Berlin mit Hund:
Immer den Haufen wegräumen.

Wie sieht ein typischer Tag bei uns aus?
Ungeduldiges warten bis die Hundeeltern aufgestanden sind und die erste Gassirunde gedreht wird, dann Frühstück und anschließend ein Nickerchen bis alle von der Arbeit nach Hause kommen und dann geht's ab mit Schwester Bacira (ein Mali Mädchen) aufs Feld zum spielen und rennen. Zwischendurch ein paar Leckerlies abgreifen.
Nach der letzten kleinen Gassirunde um den Block wird sich dann zum kuscheln und entspannen auf dem Sofa niedergelassen!

Saskia mit Hund Wembley

Wieso passen wir so gut zusammen?
Wir ähneln uns charakterlich sehr – sie ist auch manchmal eine Püppi, die es liebt, verwöhnt zu werden.

Das lieben wir an Berlin:
Das man die Fellnasen in viele Restaurants mitnehmen kann!!

Berliner Bezirk:
Steglitz-Zehlendorf

Lieblingsspazierstrecke im Kiez:
Unsere Lieblingsspazierstrecke befindet sich eigentlich nicht im Kiez sondern es sind Felder, wo man nach Herzenslust rennen kann, viele interessante Gerüche aufnimmt und aus dem „Schnüffelrausch" gar nicht mehr raus kommt

Unterbezirk:
Lankwitz

Frauchen:
Saskia, 25 Jahre, Angestellte im öffentlichen Dienst

Ausflugstipp innerhalb Berlins:
Sehr empfehlenswert das Hundeauslaufgebiet im Grunewald - eine schöne Abkühlung durch den See für Mensch und Hund, tolle Spazierstrecken und viele Hundekumpels zum toben!!

Hund:
Wembley vom Wolkenstein, Deutsche Schäferhündin, 7 Jahre

Unser Tipp für Berlin mit Hund:
Der Grunewald - ganz klar auf Platz eins.

167

Antje mit Hund Cleo

Berliner Bezirk:
Tempelhof-
Schöneberg

Unterbezirk:
Friedenau

Frauchen:
Antje Liepold,
Selbständig,
40 Jahre

Hund:
Cleo,
Labrador,
5 Jahre

Wie sieht ein typischer Tag bei uns aus?
Es gibt bei uns keine typischen Tage; jeder Tag ist anders; sonst wäre das Leben zu langweilig; also ... aufstehen, dann Gassi im Kiez und anschließend gibt es Frühstück; danach wird die Arbeit erledigt; mittags eine kleinere Runde Gassi und abends gibt`s nochmal einen längeren Spaziergang. Öfter in der Woche sind wir im Wald oder Umland, um richtig zu toben.

Wieso passen wir so gut zusammen?
Wir sind beide entspannt, locker und gut gelaunt drauf, chillen aber auch gerne mal.

Das lieben wir an Berlin:
Wir lieben an Berlin, dass man immer mittendrin ist und vor allem schnell an Leckerlie-Nachschub kommt!

Lieblingsspazierstrecke im Kiez:
Querbeet durch das sehr schöne Friedenau spazieren.

Ausflugtipp innerhalb Berlins:
Ein Ausflug zum Wannsee und Grunewaldsee lohnt immer. Auch der Tierpark ist klasse.

Unser Tipp für Berlin mit Hund:
Ins Grüne zum See oder in den Wald fahren. Hunde nicht mit zum Shoppen in die City mitnehmen.

Wie sieht ein typischer Tag bei uns aus?

Erste Gassi Runde mit Frauchen (Sabine) um 06:10 Uhr, danach
Fresschen und Ruhepause bis Ingo mit mir meistens 11:30 Uhr
etwas unternimmt. Eine lange Runde am ehem. Grenzstreifen.
Länger als 1 ½ - 2 Stunden soll ich nicht laufen, weil ich noch
so jung bin, Ingo sorgt sich sonst. Abends, wenn Sabine
heimkommt, werfe ich sie vor Freude fast um… da arbeiten
wir noch dran ;-) ca. 22:30 Uhr schau ich noch mal auf die
Straße, ob auch alles in Ordnung ist. Dann gehen wir alle
schlafen.

Ingo mit Hund Sunny

Wieso passen wir so gut zusammen?

Weil ich eine feine Maus bin und Ingo und Sabine um die Pfote
wickeln kann, aber nur, wenn wir nicht in der Hundeschule
sind.

Das lieben wir an Berlin?

Dass jeder Hundebesitzer am allermeisten über Hunde
Bescheid weeß und ooch keen Hehl daraus nich macht.

Lieblingsstrecke im Kiez:

…Illigstr. …Blohmstr. an den Inter-Kulturellen-Gärten vorbei,
Richtung Feld und Flur.

Ausflugstipp innerhalb Berlins:

Von Onkel-Tom-Str. und auf Försters Spuren ohne Leine in den
Grunewald. Mein bisheriger Rekord sind 3 Stunden und 10
Minuten.

Unser Tipp für Berlin mit Hund:

Ich habe noch nicht so viel erlebt, aber Ingo ist aktiv dabei, das
Verständnis zwischen uns und Menschen ohne Hund zu
verbessern. Mit Akzeptanz, Respekt und Wertschätzung
untereinander, können wir auch in Zukunft, viel Freude und
Spaß haben.

Berliner Bezirk:
Tempelhof-
Schöneberg

Unterbezirk:
Lichtenrade

Herrchen:
Ingo S.,
61 Jahre jung
im »Vor-,
Unruhestand«

Hund:
Sunny, Berger Blanc
Suisse,
9 Monate alt

169

Claudia und Margit
mit Hunden
Eddie und Rex

Berliner Bezirk:
Tempelhof-
Schöneberg

Unterbezirk:
Mariendorf

Frauchen:
Claudia,
Objektschützerin, 48
Jahre,
Margit, Rentnerin,
73 Jahre

Hunde:
Eddie, Pudel-Mix, 14
Jahre,
Rex, Deutscher
Schäferhund,
6 Jahre

Wie sieht ein typischer Tag bei uns aus:
Morgens gehe ich mit Rex in den Park, anschließend liefere ich Eddie bei seiner Tagesomi ab. Omi und Eddie wandern dann ausgiebig durch Mariendorf und Umgebung. Alles erledigen beide zusammen: Zur Schlossstrasse, in die Gropiuspassagen, selbst zum Zahnarzt darf Eddie mit. Rex wartet indessen zu Hause auf seinen mittäglichen Gassiservice. Am Nachmittag gehe ich mit Rex dann aufs Feld, in den Wald oder in die Hundeschule, manchmal auch mit Omi und Eddie oder wir sitzen gemütlich im Garten. Am Abend hole ich Eddie wieder zu mir, und wir drehen alle noch ein Gute-Nacht-Runde durch den Park.

Wieso passen wir so gut zusammen?
Weil Eddie so ein zuverlässiger Begleiter ist und seine Omi niemals aus den Augen lässt. Jeder Spaziergang mit Rex ist eine neue Herausforderung und er liebt und beschützt mich bedingungslos.

Das lieben wir an Berlin:
Das selbst die Mitarbeiter von IKEA ein Auge zudrücken, wenn Omi mit Eddie auf dem Schoß einkaufen geht.

Lieblingsstrecke im Kiez:
Das Auslaufgebiet unter der Autobahn; der alte Friedhof Schätzelbergstraße.

Ausflugtipp innerhalb Berlins:
Auf`s große Feld in Lichtenrade, am alten Mauerstreifen. Zum Baden gehen und viele Hunde treffen ist der Grunewaldsee immer wieder schön.

Unser Tipp für Berlin mit Hund:
Flughafen Tempelhof, zum schauen, Fahrrad fahren, einfach so. (inklusive 3 Hundeauslaufgebieten)

Wie sieht ein typischer Tag bei uns aus?
Um 5 Uhr klingelt der Wecker, Emil`s um 5.30 Uhr. Dann drehen wir die erste Runde. Leider ruft dann die Arbeit und Emil kann endlich weiter schlafen. Der Bespaßungstrupp holt ihn dann ab. Sobald Frauchen wieder im Hause ist, geht's wieder ins Freie. Täglich um 19 Uhr werden wir vom Rudel (insgesamt 4 Vierbeiner und 5-7 Zweibeiner,) zum gemeinsamen Spaziergang abgeholt.

Wieso passen wir so gut zusammen?
Wir sind gerne an der frischen Luft, sind beide Fleischfresser, gerne unter Freunden und mögen beide keine Ärzte.

Das lieben wir an Berlin:
Emil kann mit seinem IKEA-Stoff-Krokodil spazieren gehen und plötzlich ist er nicht mehr der große „böse" schwarze Hund. Mit seiner Leidenschaft ist er hier nicht alleine.

Lieblingsspazierstrecke im Kiez:
Entlang der kleinen Vorgärten, unter den unzähligen Bäumen hindurch und über die Grünflächen hinweg.

Tanja mit Hund Emil

Berliner Bezirk:
Tempelhof-
Schöneberg

Unterbezirk:
Schöneberg

Frauchen:
Tanja Mank,
28 Jahre,
Medizinische
Fachangestellte

Hund:
Emil,
4 Jahre,
Labrador Retriever

Yvonne mit Hund Buddy

Berliner Bezirk:
Tempelhof-
Schöneberg

Unterbezirk:
Mariendorf

Frauchen:
Yvonne, 29 Jahre
Erzieherin/stellv.
Kitaleitung

Hund:
Buddy, 2,5 Jahre
Französische
Bulldogge

Wie sieht ein typischer Tag bei uns aus?
Wir haben immer was zum Lachen, morgens erst mal
ausgiebig strecken, Gassirunde je nach Wetter mal kurz und
mal lang. Buddy ist bei Kälte nämlich manchmal etwas faul,
aber wenn es um Ballspielen auf der Wiese geht, ist er immer
voll dabei: Schuhe klauen, Blödsinn machen und sein Frauchen
immer beschäftigen. Abends kuscheln und nachts unter die
Bettdecke kriechen (auch bei 30 Grad).

Wieso passen wir so gut zusammen?
Der Topf hat seinen Deckel gefunden, Buddy weiß genau wie
er mich zum Lachen bringt und lässt nie Langeweile
aufkommen.

Das lieben wir an Berlin:
Viele Seen, wie z.B. den Grunewaldsee, denn Wasser ist Buddys
größte Leidenschaft.

Lieblingsspazierstrecke im Kiez:
Ein kleines Wäldchen direkt um die Ecke.

Ausflugstipp innerhalb Berlins:
Spazieren an der Havelchaussee und danach lecker im
Restaurantschiff „Alte Liebe" Essen gehen.

Unser Tipp für Berlin mit Hund:
Interessant sind viele Messen in Berlin, sei es die
Heimtiermesse oder andere Ausstellungen. Man kann
Gespräche mit anderen Tierbesitzern und Shoppen verbinden.

Wie sieht ein typischer Tag bei uns aus?
Morgens geht es die erste Runde ab in den Park (am
Gemeindepark Lankwitz). Dann zur Arbeit, wo alle mit
kommen und abends /nachmittags aufs Feld.

Wieso passen wir so gut zusammen?
Jeder ist charakterlich unterschiedlich.

Das lieben wir an Berlin:
Dass man überall mit der BVG schnell hinfahren kann.

Lieblingsspazierstrecke im Kiez:
Am Gemeindepark Lankwitz bis hin zum Feld nach Marienfelde
laufen.

Ausflugstipp innerhalb Berlins:
Grundewaldsee oder Marienfelder Feld.

Unser Tipp für Berlin mit Hund:
Hunde kann man fast überall mit hin nehmen, vorausgesetzt
sie sind gut erzogen!

Jenny mit Hunden
Pia und Elsza

Berliner Bezirk:
Tempelhof-
Schöneberg

Unterbezirk:
Marienfelde

Frauchen:
Jenny R.,
Tierarzthelferin,
27 Jahre

Hunde:
Pia, 6 Jahre,
Schnauzer Misch.
(schwarz 26kg),
Tony, 6 Jahre,
JackRussel Misch.
(9kg)
Elsza, 3 Jahre
Mischling
(15kg)

Marion mit Hund
Grismo

Berliner Bezirk:
Tempelhof-
Schöneberg

Unterbezirk:
Mariendorf

Frauchen:
Marion,
Beamtin,
44 Jahre

Hund:
Grismo,
Rottweiler,
4,5 Jahre

Wie sieht ein typischer Tag bei uns aus?
Ich mache jeden Tag einen mehrstündigen Waldspaziergang im gemischten Rudel oder auch mit Frauchen allein, während Frauchen dann mein Futter erarbeitet, schlafe ich mit meiner Katzenschwester Emma heimlich in Frauchens Bett und ab nachmittags/abends gehen meine anderen Hundefreunde und ich uns wechselseitig besuchen oder wir spielen auf dem Hundeplatz. Einmal die Woche darf ich mit Frauchen zum Hundetraining, damit wir meine bisher gute Erziehung nicht vernachlässigen.

Wieso passen wir so gut zusammen?
… weil wir uns lieb haben und uns dabei so ähnlich sind, nämlich dickköpfig, aber sehr sensibel!

Das lieben wir an Berlin:
Auslaufgebiete, Wasser, Hundefreundlichkeit.

Lieblingsspazierstrecke im Kiez:
Berlin-Grunewaldsee

Unser Tipp für Berlin mit Hund:
Berlin mit Hund

Wie sieht ein typischer Tag bei euch aus?
Morgens eine kurze Runde zum Bäcker und zurück. Nach dem Frühstück holen wir mit unserem Hundemobil die Gasthunde ab und fahren für rund 1,5 Stunden ins Hundeauslaufgebiet, danach bringen wir die Morgen-Gruppe nach Hause und holen die Mittagsgruppe ab. Gegen 18 Uhr schmusen wir auf der Couch und gegen 22 Uhr die letzte kurze Runde. Dann ab ins Bett.

Wieso passen wir so gut zusammen?
Weil wir durch Dick und Dünn gehen und das bei jedem Wetter.

Silke mit Hunden
Zorro und Wolke

Das lieben wir an Berlin?
Dass es ganz viele nette Hundebesitzer in Berlin gibt , die nette Hunde haben.

Lieblingsspazierstrecke im Kiez:
Die Handjerystraße bis zum Volkspark Wilmersdorf/ Schöneberg.

Ausflugstipp innerhalb Berlins:
Hundeauslaufgebiet Grunewald/Schlachtensee da gibt es ganz viel Platz zum spielen, schnüffeln und wir treffen dort ganz viele Hundefreunde

Unser Tipp für Berlin mit Hund:
Die Berliner Hundeauslaufgebiete sind immer eine Reise wert.

Berliner Bezirk:
Tempelhof-
Schöneberg

Unterbezirk:
Friedenau

Frauchen:
Silke,
Inhaber Hunde-
ausführservice,
Hundebetreuung
und Hundetaxi

Hund:
Zorro, 3 Jahre,
Chihuahua-
Zwergspitz-
Dackel-Mix,
Wolke , 3 Jahre,
Terrier-Mix

Katja mit Hund Silas

Berliner Bezirk:
Tempelhof-
Schöneberg

Unterbezirk:
Marienfelde

Frauchen:
Katja Kesterke,
kaufm. Angestellte,
49 Jahre

Hund:
Silas,
Dackelmischling, 1,5
Jahre,
ehem. spanische
Straßenhündin

Wie sieht ein typischer Tag bei uns aus?
Nach der Arbeit dreht sich bei mir (fast) alles um den Hund.
Wir gehen entweder spazieren oder zur Hundeschule. Nach
den ersten beiden Erziehungskursen arbeiten wir an der
Begleithundeprüfung. Zur Abwechslung machen wir noch
Agility und lange Spaziergänge und wir lernen kleine Tricks,
wie Futterbeutelsuche, Ball apportieren, Männchen,….

Wieso passen wir so gut zusammen?
Silas fröhlicher Charakter, ihre Freude am Leben und ihr
sensibles Wesen sind sehr beeindruckend. Ich glaube, wir
mögen uns so sehr, weil wir uns recht ähnlich sind.

Das lieben wir an Berlin:
Ich denke, wenn der Hund gut erzogen ist und Besitzer sich
rücksichtsvoll verhalten, gibt es in unserer Stadt eine große
Akzeptanz für die vierbeinigen Freunde des Menschen.

Lieblingsspazierstrecke im Kiez:
Wir gehen am liebsten am ehemaligen Grenzstreifen spazieren.
Weil dort alles so schön „urwüchsig" ist, können die Hunde
einfach Spaß haben.

Ausflugstipp innerhalb Berlins:
Der Grunewald und seine Ruhe. Wenn uns nach vielen
Menschen/Hunden ist, gehen wir runter an den Grunewaldsee.

Unser Tipp für Berlin mit Hund:
Der ehemalige Tempelhofer Flughafen mit seinen drei
eingezäunten Hundeausläufen. Angeleint kann man mit ihm
das komplette Gelände ablaufen, den Biergarten besuchen,
und sich sportlich betätigen.

Wie sieht ein typischer Tag bei uns aus?

Unser Tag beginnt mit einem ruhigen Spaziergang. Feivel und sein Kumpel Michl ziehen durch ihre Gegend und lesen etwas Zeitung. Danach geht es für mich zur Arbeit. Solang schlafen die beiden in ihrem Korb. Zurück Zuhause werde ich freundlich begrüßt. Wir drehen eine weitere Runde und meist trainieren wir dabei etwas. Je nachdem ,ob Feivel bald einen Job hat oder nicht, trainieren wir dafür oder nutzen unsere Umgebung für eine kleine Trainingseinheit. Danach ruhen wir uns aus, gehen zwischendurch nochmal Gassi und schlafen dann ausgiebig.

Ayline mit Hunden
Feivel und Michel

Wieso passen wir so gut zusammen?

Feivel ist ein sehr freundlicher und auf mich fixierter Hund. Er schläft gern lang und ausgiebig, ist aber immer da und aktiv, wenn es losgeht.

Das lieben wir an Berlin:

An Berlin lieben wir vor allem die Vielfalt. Großstadt, viele Menschen und Hunde, aber auch Natur, Ruhe und Entspannung.

Lieblingsspazierstrecke im Kiez:

Der Park am stillgelegten Flugfeld in Adlershof.

Ausflugstipp innerhalb Berlins:

Der Berliner Tierpark ist groß und für meine Hunde immer wieder spannend.

Unser Tipp für Berlin mit Hund:

Wer gern in Restaurants geht, sollte seinen Hund nicht vergessen. Ich erlebe immer wieder sehr nettes Personal.

Berliner Bezirk:
Treptow-Köpenick

Unterbezirk:
Nieder-schöneweide

Frauchen:
Ayline Hrymon,
Azubi, 22 Jahre

Hund:
Feivel, Chihuahua,
2 Jahre und Kumpel
Michel

177

Wie sieht ein typischer Tag bei uns aus?

Während Frauchen Heidi und Basset Isabella Frühaufsteher sind, schlafen wir etwas länger. Nachdem JEDER sein Futter bekommen hat, fahren wir gemeinsam bis zu einem guten Platz zu den umliegenden Wäldern, wo wir das Dogomobil abstellen können. Jeden Tag an eine andere Stelle. Manchmal gehen wir nur durch den Wald, manchmal auch bis zum Wasser. Den Tag verbringen wir beide in unserem Garten, Herrchen ist der typische Kleingärtner, ich liege lieber in der Sonne oder bei zu viel Hitze im Schatten.

Im Winter wird schon mal nach der großen Gassirunde ein Mittagsschläfchen gemeinsam auf dem Sofa gemacht. Abends treffen wir noch einige unserer Nachbarn auf der Straße, die gern ein wenig mit Herrchen schwatzen und manchmal sogar neben den Streicheleinheiten ein Leckerchen für mich haben.

Berliner Bezirk:
Köpenick

Unterbezirk:
Müggelheim

Herrchen:
Heinz-Ullrich,
Rentner, Gartenfan

Hund:
Momo (Ferrari vom Kranichsee),
Basset Hound,
12,5 Jahre

Wieso passen wir so gut zusammen?

Weil Herrchen mir jeden Wunsch von meinen treuen Augen ablesen kann!

Das lieben wir an Berlin:

Dass auch in der Stadt viele Leute Hunde mögen und dass man in kürzester Zeit überall "eine grüne Lunge" findet.

Lieblingsspazierstrecke im Kiez:

Der Weg zur Großen Krampe, zum Kleinen- oder Großen Müggelsee.

Ausflugstipp innerhalb Berlins:

IMMER willkommen ist man im Tierpark Berlin, rund um den Müggelsee gibt es herrliche Gartenlokale, man kann eine Bootsfahrt machen oder einfach nur mit einer Fähre übersetzen. Im Tiergarten ist es wunderschön, genauso, wie im Spandauer Forst, im Letzteren muss auf Wildschweine geachtet werden.

Wie sieht ein typischer Tag bei uns aus?

Vor dem Frühstück eine nette Spazierrunde, danach frühstücken mit Herrchen und meiner Mutti Momo, nach dem Frühstück geht es in die umliegenden Wälder, manchmal auch bis zu einem See. Im Sommer gehe ich ins Wasser, im Winter auf's Eis. Am Abend hole ich mir bei den Nachbarn Leckerchen und Streicheleinheiten ab. Zwischendurch "arbeite" ich SEHR gern und übe auf Handzeichen zu reagieren.

Wieso passen wir so gut zusammen?

Wir passen so gut zusammen, weil wir BEIDE Frühaufsteher sind, und weil Frauchen mich ganz viel beschäftigt, und ich gern ihre "Aufträge" erfülle. Am Liebsten posiere ich vor der Kamera, die Frauchen IMMER in der Tasche hat. Außerdem mögen wir beide unseren Neffen Leon besonders gern!

Das lieben wir an Berlin:

Dass die Leute super nett sind und mich gerne mal streicheln. Berlin hat so wunderschöne Parks und Ausflugsgebiete.

Ausflugstipp innerhalb Berlins:

Unser bester Ausflugstipp ist der Tierpark, weil er so schön groß und weitläufig ist und Hunde dort willkommen sind. Rund um den Kleinen und Großen Müggelsee kann man wandern ohne Ende, den Lehrpfad am Teufelssee begehen, und Ausflugslokale besuchen.

Berliner Bezirk:
Köpenick

Unterbezirk:
Müggelheim

Frauchen:
Heidi, Rentnerin, Frühaufsteherin

Hund:
Isabella, (Isabella-Berta vom Kranichsee) Basset Hound, 8 Jahre und "Arbeitstier" Ich habe viel Werbung gemacht, und spiele im Film "Anleitung zum Unglücklichsein" neben großen Zweibeiner Kollegen die Hauptrolle.

Melanie und Hund
Magnus

Berliner Bezirk:
Treptow-Köpenick

Unterbezirk:
Nieder-schöneweide

Frauchen:
Melanie Knies,
selbstständig,
41 Jahre

Hund:
Magnus,
Mischling,
ca. 1 Jahr

Wie sieht ein typischer Tag bei uns aus?
Vor gar nicht langer Zeit begannen meine Tage
hinter Gittern und endeten hinter Gittern.
Seit Oktober 2012 starten sie morgens zwischen 6 und 7 Uhr
mit einem Spaziergang durch die Königsheide. Danach gibt
es Frühstück und dann ist Ruhe angesagt. Am frühen
Nachmittag machen wir dann noch einmal eine große Runde,
bevor es Abendbrot gibt. Manchmal üben wir Sitz, Platz, Such
und Co. zwischendurch.

Wieso passen wir so gut zusammen?
Wir haben beide große Füße.

Das lieben wir an Berlin:
Den Platz, den diese Stadt bietet.

Lieblingsspazierstrecke im Kiez:
Durch die Königsheide und am Kanal wieder zurück

Ausflugstipp innerhalb Berlins:
Volkspark Rehberge, vorbei an den Wildgehegen.
Ein bisschen wie im Tierpark.

Unser Tipp für Berlin mit Hund:
Die tollen Frischfleischfutterläden. Legger!

Wie sieht ein typischer Tag bei uns aus?
Morgens kurz runter und Morgen-Toilette.
Mittags „Große Runde" in der Wuhlheide bis nach Köpenick
und Karlshorst … danach Fressen und Spielen. Nachmittags
kontrollieren, welche wichtigen „Marken" vom Mittag quittiert
wurden. Spurensuche! Freunde treffen, Eichhörnchen
erschrecken und Ball jagen. Danach Fressen und Spielen.
Abends letzte Runde: Abend-Toilette. Ach Bär-nd?
Der muss meistens mit.

Wieso passen wir so gut zusammen?
Weil Bär-nd meinem gekonnten Diven-Blick, nein! Kein
Dackelblick! Phh, nicht widerstehen kann.

Bernd mit Hund Cleo

Das lieben wir an Berlin:
Müggelwald, Wuhlheide, Grunewald, Spandauer Forst,
Trabrennbahn Karlshorst und die Berliner Wildschweine,
Füchse, Hasen, Eichhörnchen.

Berliner Bezirk:
Treptow-Köpenick

Lieblingsspazierstrecke im Kiez:
Griechische Allee, Fontanestraße, Wuhlheide und zurück

Unterbezirk:
Schöneweide

Ausflugstipp innerhalb Berlins:
Schwimmen in der Krummen Lake, ja Lake, nicht Lanke,
traumhaft! Da darf Bär-nd nicht rein.

Herrchen:
Bär-nd,
Angestellter

Unser Tipp für Berlin mit Hund:
Zweibeiner, räumt gefälligst unsere Häufchen weg, so schwer
ist das doch nicht!

Hund:
Cleo,
Deutsch-Drahthaar,
10 Jahre

Hjordis mit Hund Kissy

Berliner Bezirk:
Treptow-Köpenick

Unterbezirk:
Plänterwald

Frauchen:
Hjordis, Rentnerin,
66 Jahre

Hund:
Kissy, weißer
Zwergpudel,
11 Monate

Wie sieht ein typischer Tag bei uns aus?
Nach dem erwachen wird mit Kissy erst mal geschmust, dann geht es im Pyjama in die Küche, denn Kissy hat immer "soooo "großen Hunger. Wenn Frauchen dann fertig ist, dann gehen wir durch unseren Kiez und Kissy begrüßt seine Kumpels und es gibt so viel zu schnüffeln. Oftmals treffen wir auch den Fuchs der schon jahrelang in unserem Kiez lebt. Öfter gehen wir dann in den nahe gelegenen Garten zum spielen, samstags geht es auf den Hundeplatz, Unterordnung üben und mit den anderen Pudeln toben.

Wieso passen wir so gut zusammen?
Weil Kissy nicht haart und er dadurch nicht mein Asthma beeinflusst, manchmal haben wir fast die gleiche Pudel-Frisur.

Das lieben wir an Berlin:
Wir können immer zusammen in den Tierpark gehen!

Lieblingsspazierstrecke im Kiez:
Ein Spaziergang auf dem ehemaligen Grenzstreifen, der in einer Parklandschaft angelegt ist und man auch viele Tiere dort sieht.

Ausflugstipp innerhalb Berlins:
Vom S-Bahnhof Friedrichstraße immer an der Spree entlang, durch das Regierungsviertel bis zum S-Bahnhof Tiergarten, dort trifft Kissy einige Spielgefährten und es gibt viel zu schnuppern.

Unser Tipp für Berlin mit Hund:
Überall gibt es eine waldreiche Umgebung und im Grunewald sogar eine Hunde-Badestelle.

Wie sieht ein typischer Tag bei uns aus?

Bator ist ein sehr aktiver Hund. Er liebt es, durch den Wald oder am Fahrrad zu laufen. Daher sind wir schon morgens im Grünauer Wald unterwegs oder fahren mit dem Rad über die Köpenicker Brücken, machen einen Stopp und schauen über die Spree, um dann durch die schöne Wuhlheide bis Karlshorst zu fahren. Im Wald muss immer der geliebte Ball dabei sein. Bator kann ausdauernd danach suchen oder flitzen. Nach genug Bewegung liegt er gern im eigenen Garten in der Sonne...

René mit Hund Bator

Wieso passen wir so gut zusammen?

Weil wir uns beide gerne bewegen, ob die Sonne scheint oder Schnee liegt. Bator ist ein sehr anhänglicher Hund und weicht nicht von meiner Seite.

Berliner Bezirk:
Treptow-Köpenick

Das lieben wir an Berlin:

Dass der Berliner Süden so grün und wasserreich ist. Wie für uns gemacht.

Unterbezirk:
Adlershof

Lieblingsspazierstrecke im Kiez:

Das ist der Luisenhain, direkt vor der schönen Altstadt von Köpenick.

Herrchen:
René,
Heilpädagoge,
46 Jahre

Ausflugstipp in Berlin:

Einmal am südlichsten Zipfel in Schmöckwitz am See spazieren und Picknick machen.

Hund:
Bator,
Magyar Viszla,
6 Jahre

Unser Tipp für Berlin mit Hund:

Über das Tempelhofer Feld mit Auslaufflächen spazieren und mit dem Hund spielen.

Sabine mit Hund
Challenger

Berliner Bezirk:
Ludwigsfelde

Frauchen:
Sabine,
mobile
Hundetrainerin
mit Gassiservice,
43 Jahre

Hund:
Challenger,
Australien Cattle
Dog,
6 Jahre

Wie sieht ein typischer Tag bei uns aus:
Gassiservice, Hundetraining, Spaß auf dem Pferdehof, abends gemeinsam kuscheln, Mittwochs-Besuchsstunde im ASB-Seniorenheim.

Wieso passen wir so gut zusammen:
Weil wir super harmonieren und somit Arbeit und Freizeit prima miteinander verbinden können.

Was lieben wir in Berlin:
Die meisten Hundebegegnungen verlaufen stets sehr friedlich und die Menschen sind einfach lockerer drauf - Berliner Schnauze eben.

Lieblingsspazierstrecke im Kiez:
Der ehemalige Grenzstreifen in Marienfelde.

Ausflugstipps innerhalb Berlins:
Gruselkabinett am Anhalter Bahnhof, Madame Tussauds Wachsfigurenkabinett und natürlich das Brandenburger Tor, weil dort immer was los ist.

Unser Tipp für Berlin mit Hund:
Tierpark Berlin mit Hund natürlich.

Beneful®

Jeden gemeinsamen Tag genießen

Hundehotel - Berlin

In diesem Jahr feiert die **Hundeschule HBB** ihr 10-jähriges Jubiläum und kann auf einen Erfahrungsschatz von über 7.000 Hunden zurückblicken. Mit der Eröffnung des **Hundehotel - Berlin HHB** wurde eine weitere Vision von Astrid Lutz erfüllt, auch innerstädtisch eine hundegerechte Betreuung für ein paar Stunden oder über Nacht zu ermöglichen.

Mit **HBB** und **HHB** vereinen sich Hundeschule und Hundehotel auf höchstem Niveau. Wir sind rund um die Uhr 365 Tage im Jahr für Sie da.

Ihr Team von **HHB** und **HBB**

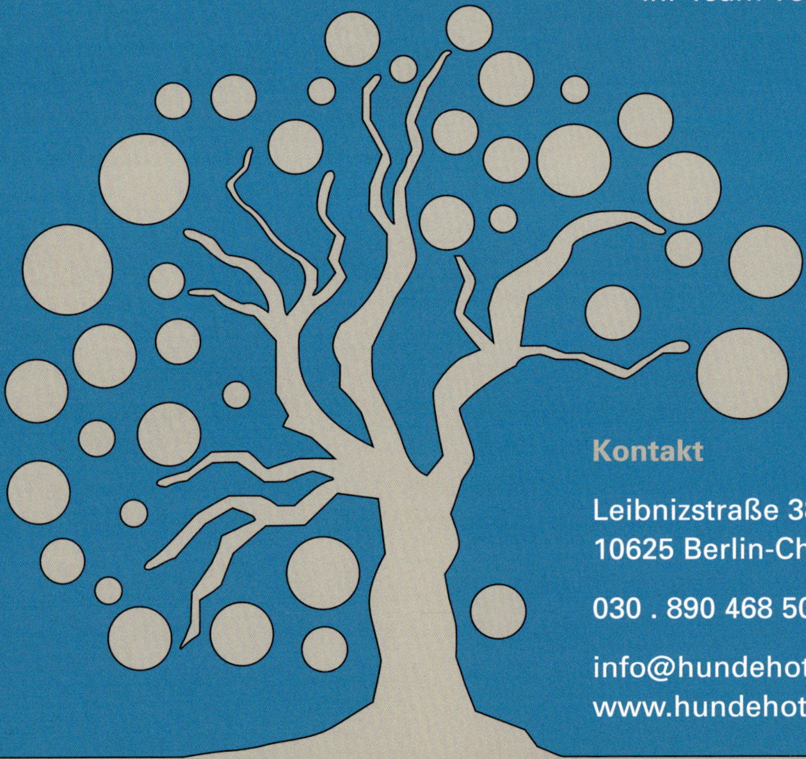

Kontakt

Leibnizstraße 38
10625 Berlin-Charlottenburg

030 . 890 468 50

info@hundehotel-berlin.de
www.hundehotel-berlin.de

Millionen Druckprodukte online bestellen!

Wo Qualität und Service zu Hause sind

LASERLINE wurde vor 15 Jahren gegründet, um den Menschen nicht den Druck zu nehmen, sondern ihn nach ihren Bedürfnissen auszurichten. Mit einer Beratung von Mensch zu Mensch, mit größtmöglicher zertifizierter Qualität, einem ressourcenschonenden Umgang mit der Umwelt und dem ersten kompletten OnlineShop der Druckindustrie. Wir arbeiten nicht einfach Daten ab, wir drucken für Sie.

We print it. You love it!

LASERLINE Druckzentrum · Scheringstraße 1 · 13355 Berlin · Telefon 030 467096 - 0 · www.laser-line.de

Smiling Berlin Verlag

Der Smiling Berlin Verlag wurde anlässlich des Buches "Smiling Berlin - Eine Liebeserklärung in Bildern" von Lasse Walter 2010 gegründet und hat sich zur Aufgabe gesetzt, Publikationen rund um das Thema „Berlin" unkompliziert und innovativ zu verlegen.

Auf den folgenden Seiten stellen wir Ihnen gerne unser Verlagsprogramm vor. Die idealen Geschenke zu jedem Anlass! www.smilingberlinverlag.de

Der Verlag freut sich über jeden Käufer, der direkt beim Verlag seine Bücher oder Kalender bestellt und spendet dafür meist einen Teil für gemeinnützige Zwecke. Im Jahr 2012 konnten so über 150 Rotbuchen bei der Aufforstung Berlin-Friedrichs-hagen gepflanzt werden. Ein Euro des Kaufpreises von jedem direkt beim Verlag gekauften Buch „Hundeshauptstadt Berlin" geht an das „Altersheim für Tiere e.V."! Für alle anderen direkt beim Verlag und im neuen Onlineshop gekauften Bücher und Kalender pflanzen wir auch in 2013 jeweils eine Rotbuche in Berlin-Friedrichshagen.

Den Smiling Berlin Onlineshop finden Sie unter *www.buchhandel-berlin.de*.

Smiling Berlin fängt in seinen Bildern und mit Kommentaren den Berliner Spirit auf humorvolle Art ein und zeigt dem Leser, wie man mit einem Lächeln durch den Alltag gehen kann. Inzwischen ist es Berlins Kult-Buch, bereits in 2. Auflage und für 9,90 € ein Geschenk-Joker, weil für Jeden etwas dabei ist!

ISBN 978-3-0003190-6-8

144 Seiten, 9,90 Euro

www.SmilingBerlin.com

»Berlin Lights - Eine Hauptstadt im farbigen Lichtermeer«
heißt der Bildband mit über 200 atembe-raubenden Bildern von Enrico Verworner aus den letzten 5 Jahren Festival of Lights. Den Kunstkalender wird es aufgrund des großen Erfolges auch für 2014 geben. Ein optisches Abenteuer und stilvolles Geschenk!

ISBN 978-3-9814601-0-0
> 200 Bilder, 19,90 Euro
www.Berlin-Lights.com

ISBN 978-3-9814601-2-4
Kalender, DIN A3, 15,90 Euro
www.Berlin-Lights.com

Berlin Flowers –der dritte Teil der Berlin Trilogie Enrico Verworners. Gezeigt werden bekannte Berliner Architekturen als Blumen geformt, welche sich komplett aus Teilen (Details) der einzelnen Bauten zusammensetzen. Es handelt sich um eine Symbiose aus Fotografie und Grafikretusche. Eine fotografische Erkundungstour durch einen Garten floraler Berliner Architektur.

ISBN 978-3-9814601-4-8
Kalender, DIN A3, 15,90 Euro
www.berlin-flowers.com

Das Berliner Weihnachtsbuch vereint einen sinnlichen Berliner Bildband mit einem Familienbuch. Es sind leuchtende Berliner Weihnachtsimpressionen fotografiert von Enrico Verworner zu sehen, aber auch Rezepte, Weihnachtsgedichte, Rätselnüsse, Bastelanleitungen und eine Bildergeschichte über den Weihnachtsschneemann Fridolin, der sich auf eine große Reise begibt und dabei viele Abenteuer erlebt.

ISBN 978-3-9814601-1-7
128 Seiten, 12,95 Euro
www.berliner-weihnachtsbuch.de

Alle Bilder aus den Büchern »Smiling Berlin«, »Berlin Lights«, »Berliner Weihnachtsbuch« und aus den Kalendern können auch als Leinwanddruck beim Smiling Berlin Verlag bestellt werden. Auf Wunsch können wir auch ihr eigenes Motiv produzieren lassen.

Die Leinwanddrucke sind wunderschöne Geschenke oder ideal für Ihr Büro und Ihr Wartezimmer.

Alle weiteren Informationen und Preise unter:

www.angenehm-warten.de
www.geschenk-berlin.com

Danksagung

Einen ganz herzlichen Dank an die vielen lieben Menschen, die ich im Zuge der Erstellung dieses Buches kennenlernen durfte. Danke für die Tipps und Kontakte, die Interviews und die Mithilfe. Ein besonderer Dank gilt natürlich meiner kleinen Familie insbesondere unserem Hund Ludwig, der mich zu diesem Buch inspirierte und unser Leben täglich bereichert!

Impressum

Hundeshauptstadt Berlin

1. Auflage April 2013

© Smiling Berlin Verlag, Berlin 2013
www.smilingberlinverlag.de

Projektleitung, Fotografie, Texte: Lasse Walter
Grafik/Satz: Torsten Fritsche, www.lichtist.com
Illustrationen: Daniel Sänger, www.daniel-saenger.de
Lektorat: Björn Mentler
Mitarbeit: Prinz Ludwig von Berlin

Druck: Laser Line

ISBN 978-3-9814601-3-1

Bitte kaufen Sie das Buch auf www.buchhandel-berlin.de.